·能源经济文库·

加快生态文明建设 推动能源发展转型

U1015334

“双碳”背景下节能提高能效问题研究

裴庆冰◎著

RESEARCH ON ENERGY CONSERVATION AND ENERGY EFFICIENCY IMPROVEMENT UNDER THE BACKGROUND OF CARBON PEAK AND CARBON NEUTRALITY

中国经济出版社
CHINA ECONOMIC PUBLISHING HOUSE
·北京·

图书在版编目（CIP）数据

“双碳”背景下节能提高能效问题研究 / 裴庆冰著 .
北京：中国经济出版社，2024. 10. -- ISBN 978-7
-5136-7938-1

Ⅰ. F424. 1

中国国家版本馆 CIP 数据核字第 2024CV8053 号

策划编辑　姜　静
责任编辑　王西琨
责任印制　马小宾
封面设计　任燕飞设计工作室

出版发行　中国经济出版社
印 刷 者　北京富泰印刷有限责任公司
经 销 者　各地新华书店
开　　本　710mm×1000mm　1/16
印　　张　8. 25
字　　数　116 千字
版　　次　2024 年 10 月第 1 版
印　　次　2024 年 10 月第 1 次
定　　价　78. 00 元
广告经营许可证　京西工商广字第 8179 号

中国经济出版社　**网址** http://epc. sinopec. com/epc/ **社址** 北京市东城区安定门外大街 58 号 **邮编** 100011
本版图书如存在印装质量问题，请与本社销售中心联系调换（联系电话：010-57512564）

前言
PREFACE

能源与经济社会发展有着紧密的互动关系，节能提高能效被视为“第一能源”，是世界各国实现可持续发展的重要抓手。长期以来，我国高度重视节能工作并取得显著成效，这在不同历史时期对缓解我国能源紧张、提升经济发展质量效益、推动绿色低碳转型、应对气候变化、增进民生福祉等方面起到关键作用。

2020年9月，国家主席习近平在第75届联合国大会一般性辩论上作出我国二氧化碳排放力争于2030年前达到峰值、努力争取2060年前实现碳中和的重大宣示。“双碳”目标的提出引领我国生态文明建设进入以降碳为重点战略方向的新阶段，节能提高能效面临的形势与目标任务发生了转变，推动实现碳达峰碳中和成为节能工作的重点。立足新阶段，审视节能提高能效内涵变迁，回顾我国能源消费与能效变化历程，考察全球典型国家能耗强度变化规律，梳理我国节能管理制度特点，展望未来节能提高能效工作方向，对于做好节能降碳增效工作、积极稳妥推进碳达峰碳中和、加快经济社会发展全面绿色转型具有重要参考意义。

本书从上述角度展开，分为理论篇、经验篇、制度篇三部分内容。

理论篇对节能提高能效基本概念和实现途径进行了阐述，介绍了常用的反映能源效率的指标，探讨了节能与降碳之间的数理关系，就节能提高能效对实现碳达峰碳中和目标的作用进行了阐述；同时指出，节能提高能效在推动经济社会高质量发展、保障我国能源安全、协同推进减污降碳等方面起到不小的作用。

经验篇结合理论篇提出的能耗强度变化率、节能量、能源弹性系数等指标，对全球、我国以及具有代表性的国家的历史情况进行回顾和分析，揭示其中共性和个性特点。同时，还对节能量贡献因素分解、国家双控目标按地区分解等问题进行了探讨。

制度篇对我国节能管理制度展开讨论，首先从经济学理论出发探讨了节能管理的必要性，其次阐述了政府进行节能管理“有形之手”的特点，并以用能权交易制度为例阐述了“无形之手”的特点。最后，探讨了新形势下能源消费和能效提升可能出现的新变化以及未来做好节能管理工作的着眼点。

可以看到，改革开放以来，我国通过推进结构节能、管理节能、技术节能，在节能提高能效领域取得突出成绩，对全球可持续发展作出重大贡献。我国的能源管理体系不断走向成熟。面向碳达峰碳中和的未来，我国仍需要一以贯之坚持节约优先方针，不断提升节能管理能力，更高水平、更高质量做好节能工作，以节能提高能效促进经济发展绿色低碳转型。

最后，需要说明的是，节能提高能效是一项复杂的系统工程，其政策和实践涉及面广，并且随着形势变化具有动态性。本书虽然对相关重点问题进行了探索、对一些问题给出初步研究观点，但仍有很多问题值得持续跟踪并深入研究。由于本人水平有限，本书难免存在诸多不足之处，欢迎各位读者提出批评指正意见。

裴庆冰

2024 年 10 月

目 录
CONTENTS

理论篇

第一章　节能提高能效的基本理论 …… 003

一、节能提高能效的内涵 …… 003

二、反映节能与能效提升的指标 …… 005

三、节能提高能效的途径 …… 006

第二章　“双碳”目标实现的重要途径 …… 009

一、碳达峰、碳中和的定义 …… 009

二、节能提高能效对降碳贡献的测算 …… 012

三、节能提高能效对实现“双碳”目标的意义 …… 015

第三章　节能提高能效对高质量发展的多重效益 …… 019

一、能效提升是全球可持续发展的重要目标 …… 019

二、节能提高能效是推动经济社会高质量发展的重要途径 …… 021

三、节能提高能效是保障我国国家能源安全的必由之路 …… 023

四、节能提高能效是实现减污降碳的减压阀 …… 025

经验篇

第四章　我国能效提升的整体效果与构成因素 …………………… 029

一、我国节能能效提升取得的成效 …………………………… 029

二、我国节能量测算及其对全球的贡献 ……………………… 033

三、国家节能目标按地区分解方法 …………………………… 040

四、主要结论 ……………………………………………………… 047

第五章　典型国家碳达峰特点及能耗强度规律 …………………… 049

一、典型国家选取与相关考虑 ………………………………… 049

二、典型国家碳达峰时间 ……………………………………… 050

三、典型国家碳达峰过程中经济社会发展特点 ……………… 051

四、典型国家碳达峰过程中能耗与碳排放特点 ……………… 053

五、主要结论 ……………………………………………………… 058

第六章　能源消费弹性系数变化的经验与启示 …………………… 060

一、能源消费弹性系数及其含义 ……………………………… 060

二、全球能源消费弹性系数变化经验 ………………………… 062

三、典型国家能源消费弹性系数变化特点 …………………… 064

四、我国能源消费弹性系数变化特点 ………………………… 066

五、主要结论 ……………………………………………………… 069

制度篇

第七章 我国节能管理制度沿革及其特点 …… 073

一、节能管理的必要性 …… 073

二、节能管理制度 …… 076

三、我国节能管理制度变迁与各阶段特点 …… 078

四、主要结论 …… 085

第八章 我国节能市场化机制探索——以用能权交易为例 …… 087

一、开展用能权交易的背景和意义 …… 087

二、用能权交易的发展脉络与各地实践 …… 092

三、用能权交易制度设计的关键环节和可选方案 …… 099

四、关于新形势下用能权交易制度适用性的思考 …… 105

第九章 新形势下的能效提升与节能管理 …… 111

一、经济社会发展进入新阶段，节能提高能效面临新形势 …… 111

二、能源消费增长出现新趋势，节能贡献因素发生新变化 …… 113

三、面向未来，不断提升节能管理能力 …… 115

参考文献 …… 118

理 论 篇

理论篇包括三章内容，主要介绍节能提高能效的基本概念与理论，指出节能提高能效的重要性，及其与实现碳达峰碳中和目标的关系。第一章从节能提高能效的基本概念出发，概述节能提高能效的内涵和常用衡量指标，以及实现节能提高能效的途径。第二章介绍碳达峰、碳中和的基本定义和数学形式，测算“十一五”以来我国节能对降碳的贡献，并就节能提高能效对实现碳达峰碳中和目标的作用进行阐述。第三章指出，节能提高能效不仅是实现碳达峰碳中和目标的基础，同时也是推动经济社会高质量发展的重要抓手，在保障我国能源安全、协同推进减污降碳等方面起到不可忽视的作用。

第一章　节能提高能效的基本理论

能源与经济社会发展有着紧密的互动关系，节能提高能效是在满足一定经济社会发展目标的情况下，合理有效利用能源。本章从节能提高能效的基本概念出发，概述节能提高能效的内涵和常用衡量指标，以及实现节能提高能效的途径。

一、节能提高能效的内涵

（一）节能提高能效的内涵

“节能”即节约能源，节能活动的目标除减少能源需求量、减少能源浪费之外，也有提高能源资源利用效率的含义。《中华人民共和国节约能源法》中“节能”的定义是指加强用能管理，采取技术上可行、经济上合理以及环境和社会可以承受的措施，从能源生产到消费的各个环节，降低消耗、减少损失和污染物排放、制止浪费，有效、合理地利用能源。

在学术讨论和政策表述中，除“节能”外，也经常会用到“提高能源利用效率”（或称“提高能源效率”“提高能效”）的表达。在很多场景中，“提高能效”表达与“节能”相近的含义；在有些场景中，“提高能效”侧重指能源技术效率的提高。在一些情况下，也将“节能”与“提高能效”连用，使用诸如“节能提高能效”来表达。

在全球范围内，更多使用的是“能源效率”（energy efficiency）一词。世界能源委员会较早提出了“能源效率”的定义。世界能源委员会在其

1995年出版的《应用高技术提高能效》中指出，"提高能源效率"是指"减少提供同等能源服务的能源投入"。其后的《能源宪章条约》《能源效率和相关环境问题议定书》[①]中也有类似表述，即"在不降低产出的质量和性能的条件下，保持同样单位商品或服务的产出，同时，减少生产这些产出所需要的能源。"

能源效率一般有两个层面的含义。其一指能源经济效率，即指能源消费量与某项经济产出指标的比值，该比值通常也称为能耗强度（energy intensity）。从数学形式上，能耗强度可表达为：$I=E/Y$，其中，E为能源消费量，Y为某个经济产出指标，如增加值、产值等。在衡量一个国家（或地区）的能效水平时，通常使用单位GDP能耗、单位产值能耗等能耗强度指标，能耗强度越低，表明该国家（或地区）的能源经济效率越高；能耗强度越高，表明该国家（或地区）的能源经济效率越低。在一些情况下，也会使用其倒数（即单位能源消费量的经济产出）来反映能源经济效率。**其二**指能源技术效率，即指在使用能源的活动中所得到的有效能与实际输入的能量之比。能源技术效率可以反映不同主体能源生产、加工转换、终端利用等的能效水平，但需要有全面、详尽的技术和能源数据作为基础。

（二）狭义节能与广义节能

节能可分为狭义节能和广义节能。狭义节能是指生产和生活中，在满足相同需求或达到相同目的的条件下，减少消耗能源实物。直接节能一般被视为狭义节能。

与之相对，广义节能是指在满足相同需求或达到相同目的的条件下更广泛的节能，既包括狭义节能，又包括由于节省人力、物力、财力、资源以及提高经济效益所带来的节能效果在内的全部节能。

---

① 《能源宪章条约》第19（3）（c）条，《能源效率和相关环境问题议定书》第2（6）条。

徐寿波（1982）指出广义节能观念的重要性，“只有大力开展广义节能工作，才能从根本上解决能源浪费问题，才能以最少的能源消耗量取得最大的经济效果”；对广义节能正确分析可以“帮助我们明确节能的方向，寻找节能的潜力，确定节能的措施，检查和评价各方面节能的成果”。

也有专家指出，广义节能应该更加注重系统观念。例如，倪维斗等（2009）指出：“依靠技术进步提高的能源效率是整个产业链中某一个或几个环节的效率，属狭义的能源效率，中国已经在这方面进行了几十年的努力。”“建立在从整个产业链到产品终端、应用终端的广义能源系统基础上的广义能源效率则显得尤为重要。在此基础上着眼于整个能源系统的研究，向系统整合要经济效益、向系统整合要能源效益、向系统整合要环境效益。”面向碳达峰碳中和，有专家指出（林伯强，2022），碳中和背景下的广义节能，除了提升能源利用效率，“还包括产业结构调整、低碳消费和循环经济等新内涵”。

从中可以看出，在经济社会可持续发展的视角下，广义节能的理念是格外需要重视的。尽管在不同时期，不同专家、学者对广义节能的理解和界定不同，但对节能工作系统性特点的重视是贯穿其中的。做好节能工作既需要重视直接节能，也需要重视间接节能，要将两者结合起来看，如此才能够把节能的技术效益和经济效益结合起来，全面提高能源投入的产出效率。

二、反映节能与能效提升的指标

能源效率变化有一些具体的衡量指标，例如，能耗强度变化率、能源消费弹性系数、节能量等，它们从不同侧面反映能效变化的情况。

（一）能耗强度变化率

能耗强度变化率是最直接的衡量指标。能耗强度变化率可定义为：目标年能耗强度相对于基年能耗强度的变化率；可表达为：能耗强度变化率=（目标年能耗强度-基年能耗强度）/基年能耗强度-1。能耗强度变化率是一个用百分比表示的数值，该数值小于0，表示能耗强度下降，即能源效率进步；该数值大于0，表示能耗强度上升，即能源效率退步。

（二）能源消费弹性系数

能源消费弹性系数能够间接反映能源效率的变化。能源消费弹性系数反映的是能源消费增长速度与国民经济增长速度之间的比例关系，计算公式为：能源消费弹性系数=能源消费量年均增长速度/国民经济年均增长速度。能源消费弹性系数能够从侧面反映能源效率的变化情况。在能源消费弹性系数为正值的前提下，能源消费弹性系数小于1，反映的是能源效率提升的过程；能源消费弹性系数大于1，反映的是能源效率下降的过程。

（三）节能量

节能量并不直接反映能效变化，但形成节能量能从侧面反映能效变化程度。节能量是指在满足同等需求或达到相同目的的条件下，能源消费减少的数量。节能量是一个比较的量，它的计算是在基础指标计算的前提下，通过对比得出。节能量大于0表明能源效率在提升。以企业节能量为例，企业节能量是指企业统计报告期内实际能源消耗量与按比较基准值计算的能源消耗量之差。计算公式为：节能量=（基期能源消费量/基期产值-报告期能源消费量/报告期产值）×报告期产值，可以反映企业节能的总体效果。

三、节能提高能效的途径

能效是对状态本身的描述，刻画的是静态特征；能效提升是对状态变化的描述，刻画的是动态趋势。而节能提高能效是指采取切实可行、有效的措施，在满足相同需求或达到相同目的的前提下，尽可能节约和少用能源。实现节能提高能效有三条途径，分别为技术节能、管理节能、结构节能（见图 1-1）。

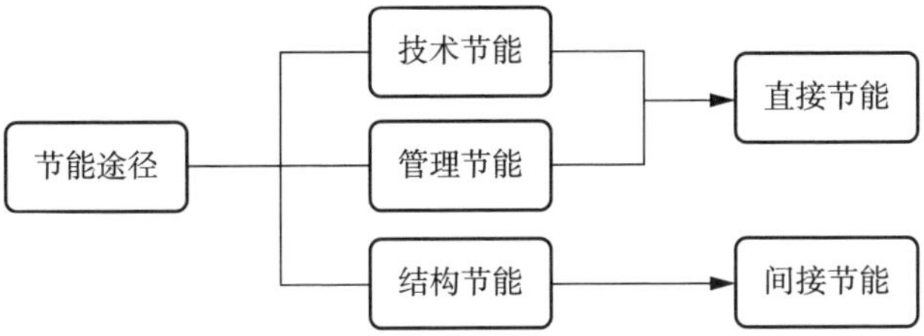

图 1-1　节能提高能效的途径

图片来源：作者绘制。

（一）技术节能

技术节能是指通过改革低效率的生产工艺，采用新工艺、新设备、新技术和综合利用，提高能量有效利用率等实现的节能。根据节约能源类型划分，节能技术可以划分为节电技术、节煤技术、节油技术、节气技术等。根据应用领域划分，可以划分为工业领域节能、建筑领域节能、交通运输领域节能等。

（二）管理节能

管理节能是指在能源系统流程中的各个环节，加强管理，减少储存、运输、使用过程中的跑、冒、滴、漏等不必要的损失所实现的节能。能源管理能够对企业的生产经营活动发挥有益的作用，有利于合理组织生产力，提高生产效率；使能源的品种和数量在各环节相互衔接、密切配合，保证生产的需要。对能源使用缺乏科学管理或管理不善，会造成能源浪费；对能源进行科学管理、精细化管理，会提高能源利用效率、形成节能效果。

（三）结构节能

结构节能是指在技术、管理条件不变的情况下，通过合理调整、优化产业结构和产品结构，提高产品质量，节约使用社会物质资源，达到节约效果。在国民经济发展过程中，由于结构（产业结构、行业结构、产品结构）变化，高耗能行业、产品所占比重降低，创造同样社会财富所消耗的能源减少，从而形成节能效果。例如，三次产业结构变化、第三产业比重提升，通常会形成节能效果；第二产业内部各行业结构相对变化、高耗能行业比重降低，也会形成节能效果；此外，同一产业内部高附加值产品的比重提升，往往也会带来节能效果。

技术节能、管理节能通常被视为**直接节能**，结构节能通常被视为**间接节能**。直接节能的表现，是与基期相比，单位产品能耗降低、能量利用效率提高、能源加工转换效率提高等。间接节能的表现，是经济结构向高技术、低能耗、轻型化方向发展。间接节能是评价宏观节能的指标，一般不适合在微观情况下应用。

第二章　“双碳”目标实现的重要途径

我国提出碳达峰碳中和目标，持续积极稳妥推进碳达峰碳中和工作，政策体系不断完善。节能提高能效是碳达峰碳中和政策体系中的重要基石，并对实现碳达峰碳中和目标起到保障作用。本章介绍了碳达峰、碳中和的基本定义和数学形式，测算了“十一五”以来我国节能对降碳的贡献，并就节能提高能效对实现碳达峰碳中和目标的作用进行了阐述。

一、碳达峰、碳中和的定义

（一）碳达峰

碳达峰是指某个国家或地区的二氧化碳（CO_2）排放量达到历史最高值，经历平台期后持续下降的过程，是二氧化碳排放量由增转降的历史拐点。实现碳达峰意味着一个国家或地区的经济社会发展与二氧化碳排放实现“脱钩”，即经济增长不再以碳排放增加为代价。

在数学形式上，假设某个国家或地区在 t 年时二氧化碳排放量为 E_t，若一个国家或地区在 T 年实现碳达峰，就意味着对于 $\forall t \neq T$，都有 $E_t \leq E_T$。二氧化碳排放最高的年份可以看作实现碳达峰的年份。在实际中，碳达峰的年份往往是通过事后观察才能具体确定的。

碳达峰的过程一般会认为是碳排放先上升后下降的过程。从图形上，碳排放达峰过程一般会呈现为类似二次函数的曲线（见图 2-1）。但是在实际情况中，碳排放达峰的过程并不会是完美的二次曲线，经常会有“波折"；有时会有较长的"平台期"，有时会有大幅波动。因此，图形的形态只是表明碳排放的一般趋势性特点。

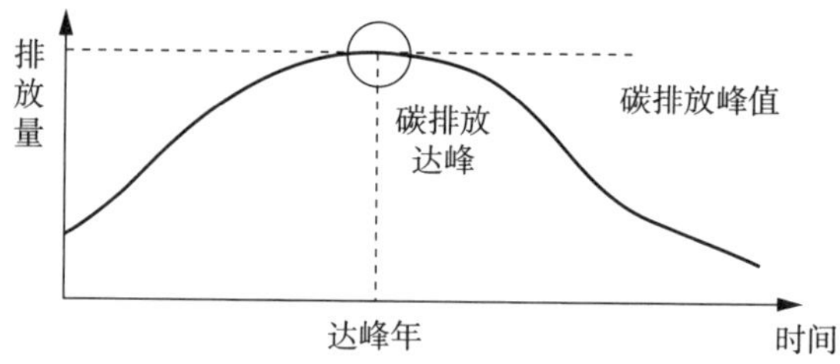

图 2-1 碳达峰示意

图片来源：作者绘制。

碳达峰也可以视为经济增长与碳排放"脱钩"。"脱钩"是人类社会与环境关系的抽象描述。"脱钩"理论以经济发展与环境影响的数量关系为对象，例如，有研究者提出，以 GDP 表示经济发展状态，以 CO_2 排放量表示环境影响状态，则 $\Delta GDP>0$、$\Delta CO_2>0$ 且 $\Delta GDP>\Delta CO_2$ 时称为相对脱钩；$\Delta GDP>0$、$\Delta CO_2<0$ 时称为绝对脱钩。碳达峰相当于是"绝对脱钩"概念，即 GDP 保持增长的同时碳排放量下降（见图 2-2）。

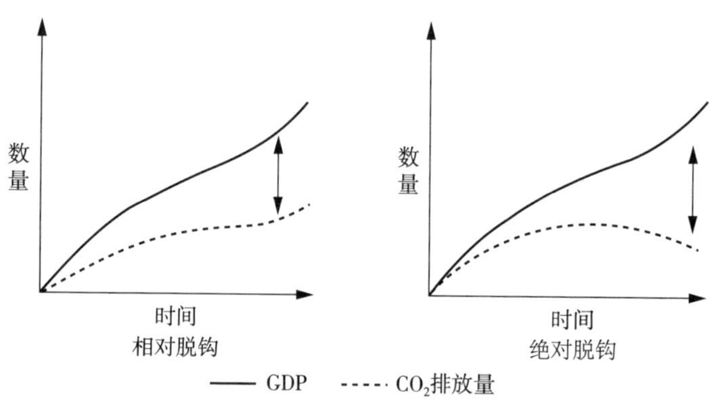

图 2-2 相对脱钩与绝对脱钩

图片来源：刘竹，耿涌，薛冰，等. 基于"脱钩"模式的低碳城市评价［J］. 中国人口·资源与环境，2011，21（4）：19-24.

（二）碳中和

相比于碳达峰，碳中和的定义相对多样化，这也与不同国家或地区用词和表述习惯有关。我国国内更多使用“中和”表达，而国际上更多使用“净零”（net zero）表达。狭义的碳中和仅指二氧化碳中和，广义的碳中和则还包括温室气体中和、气候中和、净零温室气体排放等。

2021 年 8 月，联合国政府间气候变化专门委员会（IPCC）发布第六次评估报告（AR6）第一工作组报告，给出了碳中和定义：“碳中和是指一定时期内特定实施主体（国家、组织、地区、商品或活动等）人为二氧化碳排放量与人为二氧化碳移除量之间达到平衡”。同时，报告还给出三点补充说明：

（1）碳中和经常需要包括间接排放（范围 3）进行全生命周期评价，但也可以只考虑特定主体能直接控制的排放和移除（范围 1 和范围 2）。

（2）碳中和与净零二氧化碳排放基本重叠，在全球层面完全等同，但在国家、地区等其他层面，碳中和比净零排放包含范围更广。

（3）在一些情况下需要依赖于使用边界之外的额度进行碳抵消。

我国目前对碳中和的界定如下：**碳中和**是指某个国家或地区在规定时期内人为排放的二氧化碳，与通过植树造林、碳捕集利用与封存等移除的二氧化碳相互抵消。根据政府间气候变化专门委员会《全球升温 1.5℃特别报告》，碳中和即为二氧化碳的净零排放。碳中和示意如图 2-3 所示。

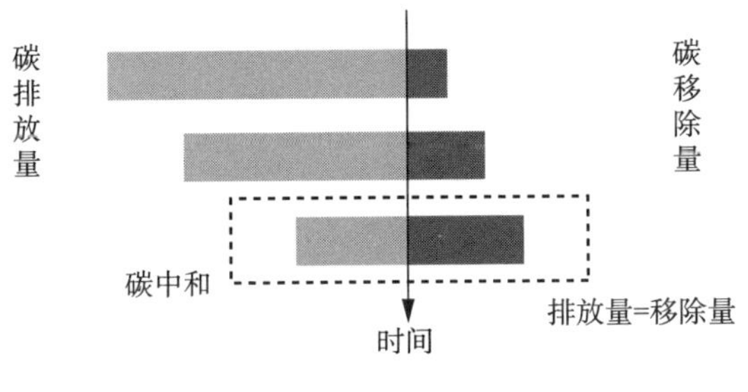

图 2-3　碳中和示意

图片来源：作者绘制。

从数学形式上，假设某个国家或地区在 t 年时二氧化碳排放量为 E_t、二氧化碳移除量为 S_t，若一个国家或地区在 T 年实现碳中和，就意味着对于 $\forall t \geqslant T$，都有 $E_T \leqslant S_T$；碳中和要求对于中和年之后具有持续性。

二氧化碳排放是最主要的温室气体排放。根据我国 2023 年 12 月向《联合国气候变化框架公约》秘书处提交的《中华人民共和国气候变化第三次两年更新报告》，我国 2018 年温室气体排放总量（考虑 LULUCF①）约为 117.79 亿吨二氧化碳当量，其中二氧化碳所占比重为 81.1%；土地利用、土地利用变化和林业的温室气体吸收汇为 12.57 亿吨二氧化碳当量，如不考虑土地利用、土地利用变化和林业，温室气体排放总量为 130.35 亿吨二氧化碳当量。

二氧化碳排放中最重要的来源是能源活动的二氧化碳排放。2018 年中国二氧化碳排放量（考虑 LULUCF）为 95.55 亿吨。若不考虑土地利用、土地利用变化和林业，2018 年中国二氧化碳排放量为 108.96 亿吨，其中能源活动排放 94.26 亿吨，占比为 86.5%，工业生产过程排放 14.66 亿吨，占比为 13.5%。土地利用、土地利用变化和林业表现为吸收汇，共吸收二氧化碳 13.40 亿吨。

二、节能提高能效对降碳贡献的测算

（一）数理推导

定义 Y 为一个国家或地区的经济产出量（一般为不变价 GDP），E 为能源消费量，C 为碳排放量。该国家或地区碳排放量 C 又可以表达为：

$$C = Y \cdot \frac{E}{Y} \cdot \frac{C}{E} \text{或} C = E \cdot \frac{C}{E}$$

定义 $a = \frac{E}{Y}$，表示单位产出的能源消费量，反映能耗强度；定义 $b = \frac{C}{E}$，

① LULUCF：Land Use，Land-use Change and Forestry，土地利用、土地利用变化和林业。

表示单位能源消费量的碳排放，反映能源结构的清洁化程度。

定义 ΔE 为节能量，一个国家或地区第 t 年的节能量 ΔE_t，可以表示为实际能源消费量与按上年能源强度不变的能源消费量两者的差，即

$$\Delta E_t = Y_t \cdot a_{t-1} - Y_t \cdot a_t$$

定义 ΔC 为降碳量，一个国家或地区第 t 年的节能量 ΔC_t，可以表示为实际碳排放量与按上年碳排放强度不变的碳排放量两者的差，即

$$\Delta C_t = Y_t \cdot a_{t-1} \cdot b_{t-1} - Y_t \cdot a_t \cdot b_t$$

测算节能对降碳的贡献，可以继续推导降碳量数学形式，将其表达分解为与节能相关部分以及与能源结构变化相关部分，如下：

$$\begin{aligned}\Delta C_t &= Y_t \cdot (a_{t-1} \cdot b_{t-1} - a_t \cdot b_t)\\ &= Y_t \cdot (a_{t-1} \cdot b_{t-1} - a_t \cdot b_{t-1} + a_t \cdot b_{t-1} - a_t \cdot b_t)\\ &= Y_t \cdot [(a_{t-1} - a_t) \cdot b_{t-1} + a_t \cdot (b_{t-1} - b_t)]\\ &= \Delta E_t \cdot b_{t-1} + E_t \cdot (b_{t-1} - b_t)\end{aligned}$$

式中，$\Delta E_t \cdot b_{t-1}$ 为第 t 年节能所带来的降碳量，它的大小与节能量、上一年单位能源消费量的碳排放有关；$E_t \cdot (b_{t-1} - b_t)$ 为第 t 年能源结构调整所带来的降碳量，它的大小与能源消费量、前后两年单位能源消费量碳排放之差有关。节能对降碳的贡献可以表示为 $\Delta E_t \cdot b_{t-1} / \Delta C_t$，能源结构变化对降碳的贡献可以表示为 $E_t \cdot (b_{t-1} - b_t) / \Delta C_t$。

（二）贡献度测算

通过上述方法可以测算广义节能对降碳的贡献，这里，主要测算了“十一五”以来我国节能对降碳的贡献。通过对 2016—2023 年逐年进行测算，并计算每个五年的降碳量累计数、节能以及能源结构变化对降碳的贡献，得到结果如表 2-1 所示。

表 2-1 “十一五”以来我国节能对降碳的贡献

指标	“十一五”	“十二五”	“十三五”	“十四五”前三年
环比累计降碳量（亿吨二氧化碳）	18.3	22.5	19.9	5.1
节能带来的降碳量（亿吨二氧化碳）	16.0	18.3	13.5	2.4
能源结构变化降碳量（亿吨二氧化碳）	2.3	4.2	6.4	2.7
节能对降碳的贡献率（%）	87.4	81.3	68.0	47.1
能源结构变化的贡献率（%）	12.6	18.7	32.0	52.9

数据来源：根据国家统计局数据计算。

“十一五”时期，我国五年环比累计降碳量是18.3亿吨二氧化碳，节能带来的降碳量是16.0亿吨二氧化碳，节能对降碳的贡献率是87.4%。“十二五”时期，我国五年环比累计降碳量是22.5亿吨二氧化碳，节能带来的降碳量是18.3亿吨二氧化碳，节能对降碳的贡献率是81.3%。“十三五”时期，我国五年环比累计降碳量是19.9亿吨二氧化碳，节能带来的降碳量是13.5亿吨二氧化碳，节能对降碳的贡献率是68.0%。“十四五”前三年，我国环比累计降碳量是5.1亿吨二氧化碳，节能带来的降碳量是2.4亿吨二氧化碳，节能对降碳的贡献率是47.1%。

与之相伴随的是，能源结构变化带来的降碳量逐步增加，“十一五”时期为2.3亿吨二氧化碳，“十二五”时期、“十三五”时期分别为4.2亿吨二氧化碳和6.4亿吨二氧化碳。“十二五”时期以来，化石能源（特别是煤炭）消费比重的下降对降碳带来显著贡献。

总体来看，由于我国高度重视节能工作，“十一五”至“十三五”时期，节能带来的降碳量年均超过3亿吨二氧化碳。在“十一五”“十二五”时期，节能对降碳的贡献超过八成；在“十三五”时期，节能对降碳的贡献接近七成。“十四五”前三年，节能对降碳的贡献降至五成左右。但应注意到，这是诸多特殊因素影响下的结果。2020年以来，受新冠疫情、地缘政治冲突、新的科学技术迸发等因素影响，经济增长和能源消费形势也发生了新变化，能源消费弹性系数快速升至高位，能源消费较快增长。可以看到，这段时期，无论是节能带来的降碳量，还是能源结构变化带来的降碳量，均较之前有所下降；特别是节能带来的降碳量受影响更大，从之前的年均3亿吨二氧化碳左右，降到年均不到1亿吨二氧化碳，导致节能对降碳的贡献降至五成左右。节能对降碳贡献程度的变化，依赖于能源消费增长的情况；而能源消费较快增长的延续性仍待持续观察。

三、节能提高能效对实现“双碳”目标的意义

（一）节能提高能效是碳达峰碳中和政策中的重要基石

2020年9月22日，国家主席习近平在第75届联合国大会一般性辩论上宣布，中国二氧化碳排放力争于2030年前达到峰值，努力争取2060年前实现碳中和。我国力争2030年前实现碳达峰、2060年前实现碳中和，是以习近平同志为核心的党中央经过深思熟虑作出的重大战略决策，事关中华民族永续发展和构建人类命运共同体。

自碳达峰碳中和目标提出以来，我国积极稳妥推进“双碳”工作，大力推动能源革命，推进产业绿色低碳转型发展，倡导绿色生活方式，推进经济社会发展全面绿色转型。中共中央、国务院印发《关于完整准确全面贯彻新发展理念做好碳达峰碳中和工作的意见》，国务院发布《2030年前碳达峰行动方案》，各有关部门出台12份重点领域、重点行业实施方案和11份支撑保障方案，31个省（区、市）制定本地区碳达峰实施方案①；从顶层设计到具体落实，构建起碳达峰碳中和“1+N”政策体系。

“双碳”目标的提出引领我国生态文明建设进入以降碳为重点战略方向的新阶段，推动实现碳达峰碳中和也成为节能工作的侧重点。这也在相关政策文件中有具体体现。

---

① 资料来源：持续推进绿色低碳转型——“双碳”目标提出3年来取得积极成效[EB/OL]. https://www.ndrc.gov.cn/fggz/hjyzy/tdftzh/202309/t20230925_1360861.html.

2021年9月，中共中央、国务院印发《关于完整准确全面贯彻新发展理念做好碳达峰碳中和工作的意见》，强调“把节约能源资源放在首位，实行全面节约战略，持续降低单位产出能源资源消耗和碳排放，提高投入产出效率，倡导简约适度、绿色低碳生活方式，从源头和入口形成有效的碳排放控制阀门”。2021年10月，国务院印发的《2030年前碳达峰行动方案》提出坚持“全国统筹、节约优先、双轮驱动、内外畅通、防范风险”的总方针，实施节能降碳增效行动等。

2021年12月，国务院印发《“十四五”节能减排综合工作方案》，提出完善节能减排制度，组织实施节能减排重点工程，进一步健全节能减排政策机制，推动能源利用效率大幅提高、主要污染物排放总量持续减少，为实现碳达峰、碳中和目标奠定坚实基础等目标要求。

（二）节能提高能效是我国实现碳达峰目标的重要举措

我国已成为世界第二大经济体，人均GDP超过12000美元，达到上中等收入国家水平，但距离达到中等发达国家水平（人均GDP达到25000美元）还有不小差距。从产业结构来看，2023年我国服务业占GDP比重为54.6%，而发达国家服务业比重普遍在70%以上。从城镇化水平来看，我国城镇化率已达到65%以上，而发达国家总体在80%以上。

分析发现，发达国家实现碳达峰时，已基本构建起以服务业为主的产业结构，工业内部结构呈现高端化特点，人口向城市转移的进程基本完成；经济社会发展普遍呈现人均GDP高、服务业占比高、城市化率高等特点。对比发达国家经验，我国尚处在新型工业化、新型城镇化深入推进、协同发展阶段，能源资源需求还将在一定时期内保持刚性增长，与典型国家碳达峰时的发展阶段有明显差距，实现碳达峰目标工作任务较重。

2023年底，我国非化石能源发电装机容量超过15.7亿千瓦，并历史性超过火电装机容量，与2020年底相比，可再生能源发电装机增长6亿千瓦左右，年均增长 2 亿千瓦左右。这一时期，我国能源消费总量从 2020 年的 49.8 亿吨标准煤增长到 2023 年的 57.2 亿吨标准煤，年均能源消费增长约 2.5 亿吨标准煤；同期，我国二氧化碳排放呈现较快增长。若今后一段时期我国保持每年新增 2 亿千瓦的非化石能源装机，那么，即便每年的能源消费增量在 2 亿吨标准煤左右，二氧化碳排放仍会持续增长，很难使二氧化碳排放保持稳定甚至下降，也很可能将会迟滞我国碳达峰目标的实现时间。因此，必须重视节能提高能效在实现碳达峰目标中的作用，通过经济转型和技术挖潜，进一步降低单位 GDP 能耗，来确保我国能够以合理峰值如期实现碳达峰。

（三）节能提高能效是我国实现碳中和目标的基本保障

相比于碳达峰来说，实现碳中和的时间跨度更长，实现碳中和的路径也存在着多样化的选择和诸多不确定性。尽管如此，研究展望和测算仍具有参考意义，诸多研究与政策实践表明，节能提高能效是实现碳中和目标的重要保障。

权威机构针对全球的研究以及典型国家面向碳中和政策，都将节能提高能效作为实现碳中和目标的重要途径。例如，国际能源署（IEA）2019 年发布的《世界能源展望 2019》，采用情景分析法设定三种情景来分析全球能源消费和碳排放变化趋势，在可持续发展情景下，预计 2040 年全球终端用能部门（工业、建筑、交通运输等）的能源需求量将减少约 45.3 亿吨标准煤，其中提高能效的贡献约占六成，其余则来自产品需求减少、建筑面积降低等因素。据国际能源署测算，2050 年可持续发展情景下的全球二氧化碳排放量约为 100 亿吨，较既定政策情景减少二氧化碳排放约 260 亿吨；提高能效对二氧化碳减排的贡献最高，约为 37%。又如，德国是在推动能源转型、实现气候目标方面具有代表性的国家。德国政府提出，到 2050 年，一次能源消费量比 2008 年下降 50%；并致力于将德国塑造为

“全球能效最高的经济体”，通过不断提升能效，以更加有效和较低成本的方式达成能源转型和气候保护目标。①

针对我国碳中和进行的研究，也认为节能提高能效在实现碳中和的过程中有着不可替代的作用。国际能源署 2021 年发布的《中国能源体系碳中和路线图》，以二氧化碳中和为目标，设定了承诺目标情景（APS）和加速转型情景（ATS），该研究认为，在承诺目标情景中，到 2030 年中国的一次能源需求增长速度将远低于经济增长速度；到 2060 年，煤炭需求将下降 80%以上，石油需求下降约 60%，天然气下降 45%以上；中国电力部门将在 2050 年前实现二氧化碳净零排放。中石化经济技术研究院发布的《中国能源展望 2060（2024 年版）》认为，我国能耗强度仍将持续下降，2060 年终端能源消费量将显著低于 2023 年水平。

坚持从全过程、各领域推动节能工作，以节能降碳为重要抓手，能够从源头减少二氧化碳排放，是我国实现碳中和目标的基本保障，也是厚植经济社会发展绿色底色的重要基础。

① 引自德国国际合作机构（GIZ）《德国能源转型目标、现状与展望及对中国碳达峰碳中和的借鉴——中德能源与能效合作》。

第三章　节能提高能效对高质量发展的多重效益

在联合国提出的一系列可持续发展目标中，能效提升是其中的重要目标之一。在全球能源转型发展中，能效提升被视为“第一能源”。节能提高能效，不仅是实现“双碳”目标的基础，同时也是推动经济社会高质量发展的重要抓手，在保障我国能源安全、协同推进减污降碳等方面也起到不可忽视的作用。

一、能效提升是全球可持续发展的重要目标

（一）能效提升是联合国可持续发展目标之一

联合国自20世纪90年代开始制定了一系列旨在促进全球可持续发展的目标和计划，1992年通过《21世纪议程》，2000年通过《联合国千年发展目标》。自2012年联合国里约热内卢可持续发展会议开始，经过多边和多方的谈判和协商，最终在2015年联合国大会第七十届会议上通过了《2030年可持续发展议程》。该议程于2016年1月1日正式启动，其呼吁各国采取行动，为到2030年实现17项可持续发展目标而努力。时任联合国秘书长潘基文指出：“这17项可持续发展目标是人类的共同愿景，也是世界各国领导人与各国人民之间达成的社会契约。它们既是一份造福人类和地球的行动清单，也是谋求取得成功的一幅蓝图。”

《2030年可持续发展议程》包括17项可持续发展目标（Sustainable Development Goal，SDG）、169个子目标，涉及经济、社会和环境等方面。

在《2030年可持续发展议程》中，目标7是“确保人人获得负担得起、可靠和可持续的现代能源”，子目标包括：

7.1　到2030年，确保人人都能获得负担得起的、可靠的现代能源服务；

7.2　到2030年，大幅增加可再生能源在全球能源结构中的比例；

7.3　到2030年，全球能效改善率提高一倍；

7.a　到2030年，加强国际合作，促进获取清洁能源的研究和技术，包括可再生能源、能效，以及先进和更清洁的化石燃料技术，并促进对能源基础设施和清洁能源技术的投资；

7.b　到2030年，增建基础设施并进行技术升级，以便根据发展中国家，特别是最不发达国家、小岛屿发展中国家和内陆发展中国家各自的支持方案，为所有人提供可持续的现代能源服务。

其中，目标7.3为能效目标，能效改善率提高一倍指全球在2010—2030年年均单位GDP能耗下降率达到2.6%，该数值相比1990—2010年的能耗强度下降率约提高一倍（即“能效倍增”）。国际能源署、联合国统计部门等机构定期对目标进展进行评估；在对能效目标的评估中，所使用数据来源于国际能源署、联合国能源统计数据库、世界银行。由此可见，能效提升是联合国可持续发展目标中有关能源发展的重要目标之一。

（二）能源效率是迈向可持续未来的“第一能源”

国际能源署认为，能源效率是“第一能源”，在迈向可持续未来过程中发挥关键作用。[①] 能源效率关系到经济的所有部门，工业、建筑、交通运输、农业等都可以从能效提升中获得多重好处，释放能效潜力对于实现

---

① 国际能源署《能源效率2022》第19页：自1974年国际能源署成立以来，对能源效率的协调努力以减少浪费和低效的能源使用的需求从未如此之大。在解决能源负担能力、供应安全和气候变化危机方面，没有任何其他能源资源能与能源效率相提并论。这就是为什么国际能源署将能源效率称为所有能源转型的“第一燃料”。

可持续的未来至关重要。

国际能源署发布的《全球能源部门 2050 年净零排放路线图》分析认为，如果要把全球温升控制在 2 摄氏度以内，需要大幅减少全球能源相关二氧化碳排放，节能和提高能效是全球能源系统二氧化碳减排的主要途径之一；2020 年到 2050 年全球每年用于提高能源效率的投资需要达到 6400 亿美元。2023 年 10 月，在《联合国气候变化框架公约》第二十八次缔约方大会（COP28）到来前，国际能源署撰文提出，为确保实现气候目标，应在 2030 年前采取三项重大能源行动，其中包括新的"能效倍增"计划，即将能效提升速度提高到现有水平的 2 倍。

国际能源署的专家认为，能效提升加速意味着采取更强有力的政策和行动改善人们的生活，很少有其他政策能提供如此广泛的好处。在国际能源署的净零情景下，实现能效增速加倍的关键是提高建筑和设备的技术效率、材料效率和电气化程度等。能效提升加速还将为政府和企业大幅降低减排成本，为消费者提供更舒适的生活环境和工作场所，降低能源费用支出，以及创造数百万的就业机会。

二、节能提高能效是推动经济社会高质量发展的重要途径

（一）高能效是经济发展质效提升的重要表征

绿色低碳发展是推动高质量发展的重要任务。能源强度下降、能源利用效率提高能反映一个国家或地区产业进阶、经济发展质效提升的过程。从一些国家的发展历程可以看出，能源利用效率的提升常常是与国民经济发展质量提升相伴随的。例如，英国在 1973 年到 1995 年期间人均 GDP 从 2 万美元提高到 3 万美元（按 2010 年不变价美元计算），这一时期，英国的 GDP 年均增长 1.9%，单位 GDP 能耗年均下降 2.2%，在经济发展的同时能耗强度也显著下降。

对于我国来说，高质量发展是新时代的硬道理，绿色发展是高质量发展的底色。作为拥有14亿多人口的发展中大国，我国要整体迈入现代化社会，必须彻底改变大量生产、大量消耗、大量排放的粗放发展模式，切实降低单位产出能源资源消耗，以更少的能源资源消耗创造更大的经济社会效益；积极推进经济、能源、产业结构转型升级，强化绿色低碳科技创新，大力发展绿色低碳产业，提升经济社会发展质量效益。

（二）提升能效是新旧动能转换的重要推动力

我国经济已由高速增长阶段转向高质量发展阶段，处在转变发展方式、优化经济结构、转换增长动力的关键时期。发展新质生产力是推动高质量发展的内在要求和重要着力点，发展新质生产力本身就是发展绿色生产力，要将能源资源产出效益作为重要标尺，强化节能降碳技术创新和先进技术推广应用。

我国自“十一五”以来，历次五年节能规划或重大政策都把提高高耗能产业能源效率作为努力目标，节能新技术、新设备得以加快推广。截至“十三五”末期，钢铁行业大中型企业中，干熄焦技术普及率从2005年不足30%提高到92%以上；水泥行业中，低温余热回收发电技术从2005年开始起步提高到80%以上，第一代新型干法水泥技术推广率达99%，已研发示范第二代新型干法水泥技术；电力行业300MW以上火电机组占火电装机容量比重由2005年的47%上升到80%以上。在节能环保领域，合同能源管理、环境污染第三方治理等服务模式得到广泛应用，一批生产制造型企业快速向生产服务型企业转变。

绿色技术的不断突破，已经成为驱动新一轮科技革命和产业变革的重要动力。一方面，节能环保等绿色技术能够对既有生产线、工厂进行改造升级，提高能源资源利用效率和环保性能，减少能源资源消耗和环境污染。另一方面，绿色设计、绿色材料和绿色生产工艺等的广泛应用，有利于提高产品质量和附加值，并在节能降碳领域催生新模式、新业态；实现新旧动能加快转换、绿色发展加快推进、新质生产力加快培育。

（三）节能提高能效是促投资稳增长的重要途径

实现碳达峰碳中和，有巨大的投资需求；节能提高能效是需要投资支持的重点领域。国际能源署发布的《全球能源部门 2050 年净零排放路线图》分析认为，如果要把全球温升控制在 2 摄氏度以内，需要大幅减少全球能源相关二氧化碳排放，节能和提高能效是全球能源系统二氧化碳减排的主要途径之一；2020—2050 年全球每年用于提高能源效率的投资需要达到 6400 亿美元。

我国节能技术和产业发展空间广阔。不论是对传统产业实施节能升级改造，还是推广超高能效设备产品、低能耗建筑、节能和新能源汽车等，都有着充分的市场空间和应用前景。根据中国金融学会绿色金融专业委员会估算，从 2021 年到 2050 年，中国在绿色低碳领域的投资需求总额将达 487 万亿元；这意味着年均投入超 16 万亿元，其中财政资金年均投入在万亿元规模，也将撬动社会资金用于能源利用效率提升、可再生能源开发利用等领域。

2024 年以来，我国着力推动大规模设备更新和消费品以旧换新，产品设备节能标准提升、重点领域节能改造是大规模设备更新和消费品以旧换新的推动力。据统计，2024 年上半年，全国设备工器具购置投资同比增长 17.3%，对全部投资增长的贡献率达到 54.8%，拉动全部投资增长 2.1 个百分点。通过设备更新、以旧换新等行动，既促进了能效提升，也起到了稳增长促转型的作用，为加快绿色低碳转型、推动经济高质量发展提供了有力支撑。

三、节能提高能效是保障我国国家能源安全的必由之路

能源安全是国家经济安全和资源安全的基石，对建设现代化国家而

言，能源安全至关重要。2000 年以来，我国能源安全稳定供应水平不断取得提升。2000—2023 年，我国原煤生产能力持续增强，原油产量逐步提升并稳定在 2 亿吨水平，天然气产量实现跨越式增长。但与此同时，我国的石油、天然气在不同程度上依赖进口，对外依存度也在不断提高。2000 年，我国石油对外依存度约为 34%，到 2022 年，我国石油对外依存度达到 75%以上。我国的天然气自 2006 年以来进口量逐步提升，2010 年天然气对外依存度达到 10% 以上，到 2022 年，对外依存度上升到 40% 左右（见图 3-1）。

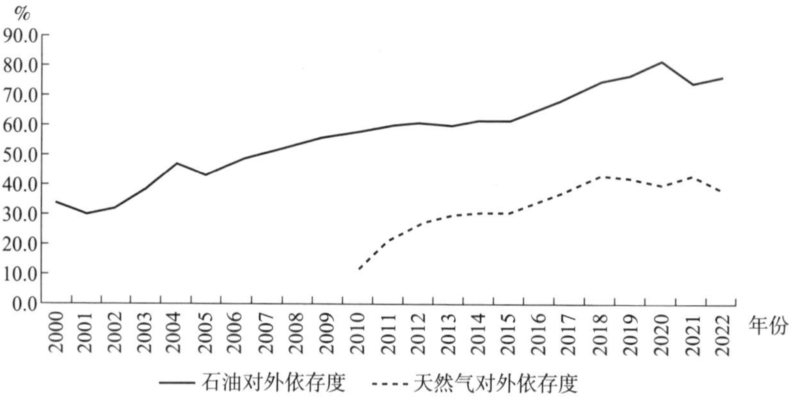

图 3-1　2000—2022 年我国石油、天然气对外依存度

图片来源：根据国家统计局数据计算绘制。

"十一五"以来形成的中国特色节能政策体系，为我国削减超过 23 亿吨标准煤的能源消费量。2005 年，石油、天然气在我国能源消费量中的比重合计约 20%；2023 年，该数值升至约 27%。取其均值估算，"十一五"以来我国节能约带来 5.4 亿吨标准煤的石油、天然气消费量削减。若没有能效提升，我国的能源安全将面临更大压力。

近年来，我国能源需求增量大，能源保供压力依然存在；不断高企的石油、天然气对外依存度，也给国家能源安全、经济安全带来隐忧。若仅仅依靠国内生产能力提升和能源进口增加，并不能完全解决供需矛盾，仍需要把能源效率放在首位，将节能作为缓解能源供需矛盾的重要途径。特别是对于对外依存度高的石油、天然气，要从能源消费端入手，提升交通运输、电力热力供应等部门的能源利用效率，以更少的能源消耗来满足需求，实现能源安全供应和绿色低碳发展的统一。

四、节能提高能效是实现减污降碳的减压阀

党的十八大以来，我国不断强化污染治理，坚持“源头治理”和“末端治理”双管齐下，打赢了蓝天保卫战，重现了碧水蓝天。“十四五”时期，我国生态文明建设进入了以降碳为重点战略方向、推动减污降碳协同增效的时期。温室气体与环境污染物具有同根同源性，煤炭等化石燃料在燃烧过程中既产生二氧化碳等温室气体，也会产生颗粒物、一氧化碳、二氧化硫等空气污染物。实现减污降碳协同增效，要点是突出源头治理、系统治理、综合治理，节约能源、少用化石能源是生态环境源头治理的重要手段。我国能源消费总量中化石能源消费比重从 2013 年的 89. 8%降至 2023 年的 82. 3%，下降了 7. 5 个百分点，其中煤炭消费比重从 2013 年的 67. 4%降至 2023 年的 55. 5%，大幅下降了 11. 9 个百分点；化石能源消费量增长得到有效控制，占比不断降低。从能源消费增量来看，2014—2023 年，我国新增能源消费量中，超过 1/3 来自非化石能源消费；新增用电量中，约有一半来自非化石能源电力，能源消费向绿色化低碳化加速转型。2014 年、2023 年我国能源消费结构如图 3-2 所示。

通过节能提高能效，我国污染物减排效果明显，二氧化碳减排得到有力支撑。节能提高能效有效减少了污染物排放，2014—2023 年，我国环比累计节能量达到 12. 1 亿吨标准煤，以 2013 年单位能源消耗的污染物排放计算，节能约相当于减少二氧化硫排放 593 万吨，减少氮氧化物排放 646 万吨。节能提高能效也明显减少了我国的二氧化碳排放，2014—2023 年我国节能提高能效带来的二氧化碳减排量为 25. 3 亿吨。节能有效

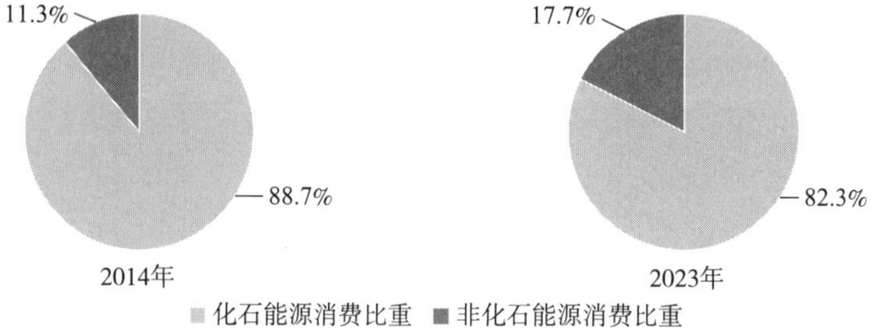

图 3-2　2014 年、2023 年我国能源消费结构

图片来源：根据国家统计局数据计算绘制。

促进了我国环境质量实现历史性、转折性、全局性转变，在我国低碳城市、低碳园区的建设中也发挥了重要的基础性作用。

随着末端治理的空间不断收窄、成本持续上升，必须坚持从源头上大幅提高能源利用效率，协同推进源头预防、过程控制、末端治理，把节能提高能效作为减污降碳协同的重要突破口。高耗能行业节能是实现减污降碳协同的重点，要做好高耗能行业的节能改造。对于能效在标杆水平特别是基准水平以下的企业，加强能量系统优化、余热余压利用、污染物减排、固体废物综合利用等改造，提升资源能源利用效率；通过设备更新、标准升级等行动，提升重点行业能效水平，促进减污降碳协同推进。

经验篇

经验篇包括三章内容，主要应用能耗强度变化、节能量、能源弹性系数等指标，分析全球、我国以及具有代表性的国家在发展过程中能效相关指标变化情况，揭示其变化规律。第四章回顾我国节能取得的成效，通过对节能量的测算，分析我国节能对全球的贡献，通过对节能量的分解，分析我国节能量的贡献因素；并通过数理分析，阐明国家能耗双控目标与地区目标之间的关系。第五章通过考察典型国家碳达峰过程中经济社会发展和能源消耗特点，说明一国在实现碳达峰的过程中在能源消费、能耗强度等方面的共性特点和规律。第六章回顾全球、部分典型国家以及我国的能源消费弹性系数变化情况，并对能源消费弹性系数异常时期的经济社会驱动因素进行了探讨。

第四章　我国能效提升的整体效果与构成因素

长期以来，我国节能工作取得显著成效，这不仅使我国自身获得明显的经济社会综合效益，同时也为全球可持续发展做出重大贡献。本章通过数据实证来说明我国节能工作成效，并从行业部门角度分析我国节能效果的来源，同时也通过节能目标分解方法探讨，来说明国家节能目标与地区节能目标的关系。

一、我国节能能效提升取得的成效

（一）总体情况

改革开放以来，我国不断解放和发展生产力，经济持续快速发展。随着经济的增长，对能源的需求也快速增长。如图 4-1 所示，我国 2019 年的能源消费总量较 1980 年翻了三番（即 2019 年的能源消费总量约为 1980 年的 8 倍）。具体来看，1980 年，我国的能源消费总量为 6.03 亿吨标准煤，经过 14 年时间，我国能源消费量翻了一番，在 1994 年达到了 12.27 亿吨标准煤。又经过 10 年左右时间，我国能源消费总量又翻了一番，在 2004 年达到 23.03 亿吨标准煤（2005 年为 26.14 亿吨标准煤）。接着又经过 15 年左右的时间，我国能源消费总量再次翻番，到 2019 年达到 48.75 亿吨标准煤。同期（1980—2019 年），我国 GDP 增长了约 33 倍（翻了五番多）。2019 年后，受新冠疫情及国际形势等因素影响，能源消费形势发生了新变化。到 2023 年，我国能源消费总量达到 57.2 亿吨标准煤，较 2019 年增长了约 17%，GDP 比 2019 年增长了约 20%。

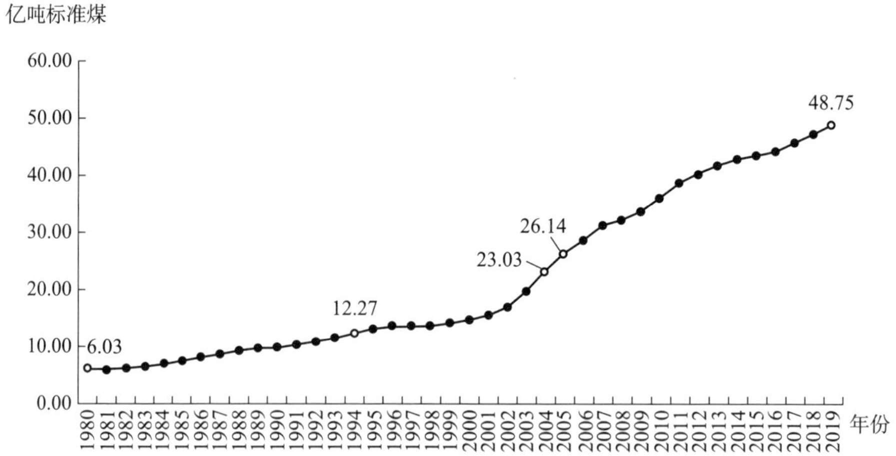

图 4-1　1980 年以来我国能源消费总量变化

数据来源：根据国家统计局数据计算。

从中可以看到，我国“十一五”时期以来实施的系统性节能政策，对促进合理用能、避免能源消费过快增长起到了关键作用。节能工作纵深推进，带来明显的经济社会综合效益。目标引领是“十一五”以来牵引节能工作不断推进的重要手段。从能耗强度目标开始，到能耗强度和总量调控，再到推动逐步转向碳排放双控，与节能目标相伴随，我国节能和能效提升取得了显著的成效。

特别是党的十八大以来，中国能源进入高质量发展新阶段。2014 年，习近平总书记提出推动能源消费革命、供给革命、技术革命、体制革命和全方位加强国际合作的“四个革命、一个合作”能源安全新战略，为新时代能源发展指明了前进方向、提供了根本遵循。

在能源消费革命推动下，我国 2014—2023 年单位 GDP 能耗累计下降 23.0%，环比累计节能量达到 12.1 亿吨标准煤，能源消费增长控制在合理区间。全国能源消费总量从 2014 年的 42.8 亿吨标准煤增长到 2023 年的 57.2 亿吨标准煤（见图 4-2），以年均 3.2%的能源消费增长支撑了年均 5.9%的经济增长，是同期全球能耗强度降低最迅速的国家之一。

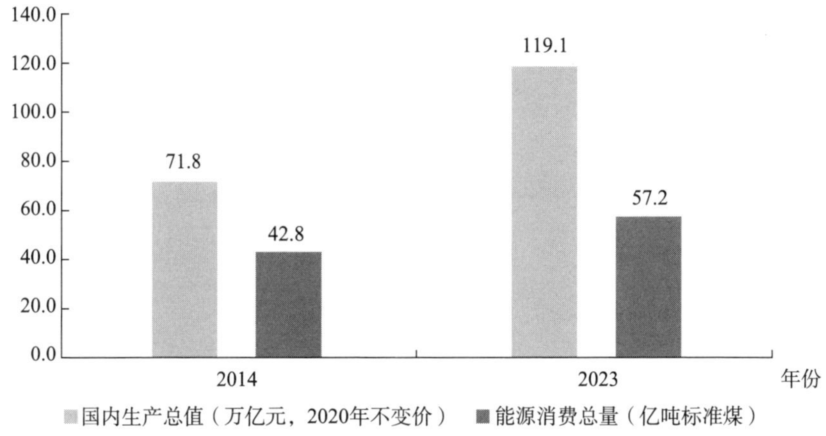

图 4-2　2014 年、2023 年我国国内生产总值与能源消费总量

数据来源：根据国家统计局数据计算。

（二）“十一五”时期

“十一五”时期是我国能耗强度控制目标建立时期。2006 年发布的《中华人民共和国国民经济和社会发展第十一个五年规划纲要》中，明确提出了“十一五”期间单位国内生产总值能源消耗下降 20%左右的约束性指标，首次把节能目标作为约束性指标纳入国家规划，开始实行能源消费强度控制。为落实强度目标，国家节能主管部门建立了目标责任制和节能评价考核制度。2007 年修订通过的《中华人民共和国节约能源法》中规定，国家实行节能目标责任制和节能评价考核制度，省级地方政府每年要向国务院报告节能目标责任的履行情况，这使得节能责任要求法定化。

从目标完成情况来看，“十一五”时期，我国以能源消费年均 6. 7%的增速支撑了国民经济年均 11. 3%的增长，五年间单位国内生产总值能耗累计下降超过 19%，基本完成“十一五”节能降耗目标，能源消耗和污染物排放量大幅上升的势头得到遏制。从强度目标完成情况来看，“十一五”期间全国单位 GDP 能耗下降率基本完成预定的单位 GDP 能耗下降 20%的目标。从时间进度来看，“十一五”开始阶段完成进度偏低，随后逐年好转，在各级地方政府的共同努力推动下，取得了较为显著的成效。

（三）“十二五”时期

“十二五”时期，我国延续能耗强度控制目标并在“十二五”后期向能耗强度和总量双控过渡。在“十二五”时期，国家综合考虑了工业化、城镇化进程加快和消费结构持续升级，能源需求刚性增长，资源环境约束日趋强化等因素，将全国单位GDP能耗下降目标定为16%。从效果来看，“十二五”时期，我国以年均3.8%的能源消费增速支撑了GDP年均7.9%的增长，五年间全国单位国内生产总值能耗累计下降18%左右，超额完成既定目标。

在能耗强度控制目标的约束下，我国节能降耗工作取得了显著成绩。但由于强度目标是一个相对值，在经济增速较快的情况下，强度约束无法控制能源消耗量较快增长的势头；又由于我国能源消耗量基数大，对增速的控制仍难改变增量较大的局面，这就导致能源消费总量过快增长，煤炭、石油等化石能源消费量快速攀升，不仅带来环境污染问题，更是对能源安全形成了严峻挑战。在此背景下，国家提出对能源消费总量进行一定约束，并在“十二五”末期逐步向能耗强度和总量双控过渡。

（四）“十三五”时期及“十四五”前期

“十三五”时期，我国形成能耗强度和总量双控制度。经过“十二五”时期的实践探索，各级政府对用能和节能的管理能力进一步提升。《中华人民共和国国民经济和社会发展第十三个五年规划纲要》提出实施能源和水资源消耗、建设用地等总量和强度双控行动，并明确将单位GDP能耗降低15%作为约束性指标，将能源消费总量控制在50亿吨标准煤以内作为预期性指标。2016年国务院印发的《“十三五”节能减排综合工作方案》明确了“十三五”节能减排工作的主要目标和重点任务，对节能减排工作进行了全面部署。

“十三五”前四年，我国单位国内生产总值能耗累计下降13%左右，完成“十三五”能耗强度降低目标进度的80%以上。2020年受疫情影响，能耗强度下降步伐放缓。总体来看，“十三五”时期，我国以年均2.8%的能源消费增速支持了GDP年均5.7%的增长，2020年全国能源消费总量为49.8亿吨标准煤，控制在50亿吨标准煤以内，基本达到能耗强度下降目标。

“十四五”时期，我国完善能耗双控制度并逐步转向碳排放双控。《中华人民共和国国民经济和社会发展第十四个五年规划和2035年远景目标纲要》中，将单位GDP的能耗和二氧化碳排放的下降目标分别设定为13.5%和18%，并提出“完善能源消费总量和强度双控制度，实施以碳强度控制为主、碳排放总量控制为辅的制度”。“十四五”以来，能耗强度和总量双控制度在延续的基础上不断完善，并逐步转向碳排放总量和强度双控制度，在新形势下也继续推动了能效提升取得新进展。

二、我国节能量测算及其对全球的贡献

（一）我国节能对全球的贡献

节能量是对节能效果的直观衡量。定义 Y 为一个国家或地区的经济产出量（一般为不变价GDP），E 为能源消费量，$a=\frac{E}{Y}$，表示单位产出的能源消费量，反映能耗强度。定义 ΔE 为节能量，一个国家或地区第 t 年的节能量 ΔE_t，可以表示为实际能源消费量与按上年能源强度不变的能源消费量两者的差，即

$$\Delta E_t=Y_t\cdot a_{t-1}-Y_t\cdot a_t=Y_t\cdot(a_{t-1}-a_t)$$

根据可获得数据，选取1991—2020年时间段，将中国的节能量与全球的节能量进行对比（见表4-1）。分别计算全球与中国1991—2020年的环比节能量，以及每个10年的环比累计节能量，可以发现：

在30年间，中国的节能量占到全球的一半（见图4-3）。划分到每个10年来看，20世纪90年代的10年里，中国的节能量约占全球的40%；21世纪的前两个10年里，中国的节能量都占到全球的55%以上。从绝对

量上看，2011—2020 年是绝对节能量最高的 10 年，大致相当于此前两个 10 年的总和。节能量计算结果表明，在过去很长一段时间里，中国的节能工作为全球可持续发展做出了重要贡献。

表 4-1　中国与全球节能量（1991—2020 年）

指标	1991—2000 年	2001—2010 年	2011—2020 年	1991—2020 年
中国环比累计节能量（EJ）	22.74	13.13	41.05	76.92
全球环比累计节能量（EJ）	57.24	22.63	72.44	152.31
中国节能量占比（%）	39.7	58.0	56.7	50.5

数据来源：根据 World Bank Open Data（世界银行数据库）、Energy Institute Statistical Review of World Energy（原 BP 能源统计数据）数据计算。

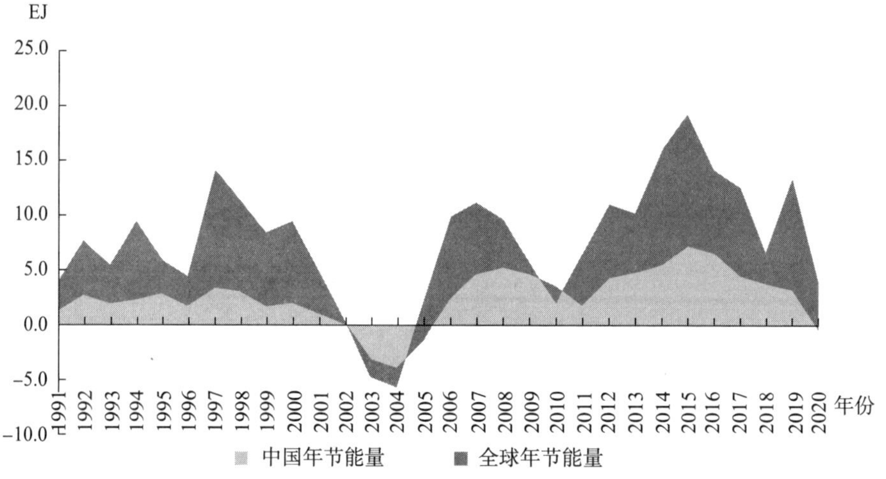

图 4-3　1991—2020 年中国与全球节能量

数据来源：根据 World Bank Open Data（世界银行数据库）、Energy Institute Statistical Review of World Energy（原 BP 能源统计数据）数据计算。

（二）我国的能耗强度变化与节能量

从以上分析也可以看出，多年来，我国能效水平大幅提升，取得了显著的节能成效。特别是"十一五"以来，我国节能工作更加系统化，效果更为显著。通过计算"十一五"以来我国逐年的节能量，得到结果如

图 4-4 所示。可以看到，2006—2022 年，我国年平均节能量约为 1.4 亿吨标准煤，17 年间环比累计节能量达到 23.5 亿吨标准煤。同时也可以看到，每年的节能量也是高低起伏的，有的年份节能量多，接近 2.5 亿吨标准煤，也有个别年份节能量较少，最少的年份接近 0。

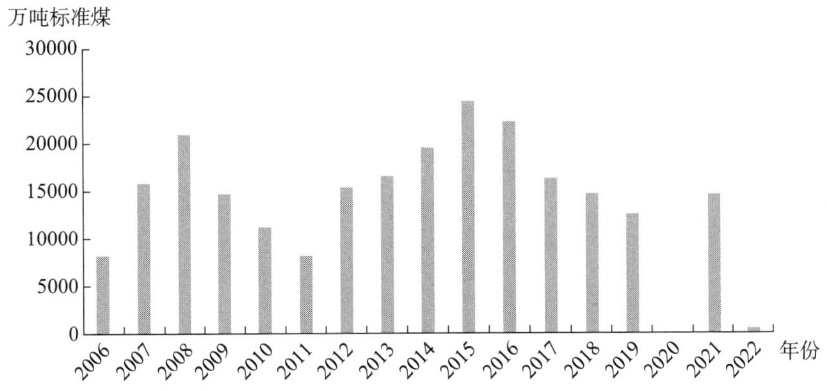

图 4-4　2006—2022 年我国节能量

数据来源：根据国家统计局数据计算。

此外，也可以观察到，经过多年的努力，我国的能耗强度显著下降。如图 4-5 所示，我国单位 GDP 能耗从 2005 年的 0.85 吨标准煤/万元降至 2023 年的 0.48 吨标准煤/万元（均按照 2020 年不变价计算），能源利用效率实现了跨越式提升，取得长足进展。同时，在我国不同地区之间，能耗强度存在不均衡性。以省级地区为例，由于发展阶段、产业结构等差异，能耗强度存在较大差异，先进地区的能耗强度约为全国水平的一半，而有些省份的能耗强度则约为全国水平的 2 倍。

从全球横向对比来看，由于产业分工等因素，各国的能耗强度也有不小差异，我国距离先进国家仍有一定差距。我国的单位 GDP 能耗大约是全球平均水平的 1.5 倍，是 OECD 国家的 2.4 倍，是日本、德国、法国等发达国家的 3 倍左右。

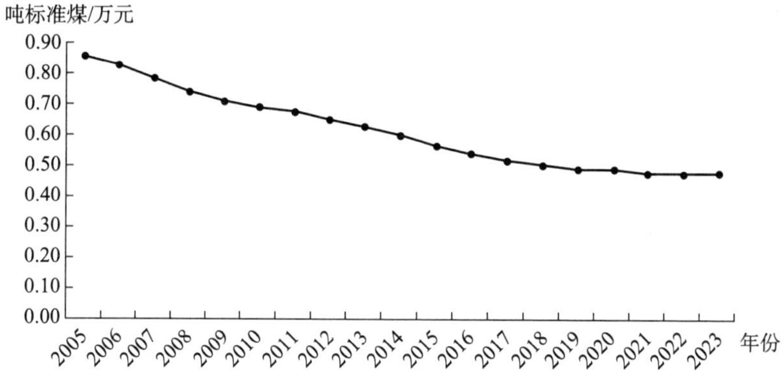

图 4-5　2005—2023 年我国单位 GDP 能耗（按照 2020 年不变价计算）

数据来源：根据国家统计局数据计算。

（三）我国节能量贡献因素分析

节能量分析不仅能从宏观上测算一个国家或地区的节能效果，也能通过节能量分解，来分析三次产业结构变化以及各产业能耗强度变化对节能的贡献，并区分取得节能量的来源。

全社会节能量可以分解为产业结构变化的节能量与各产业节能量之和。一般情况下，根据可获得数据，通常可将我国的节能量拆分为三次产业结构变化节能量、第一产业能耗强度变化节能量、第二产业能耗强度变化节能量、第三产业能耗强度变化节能量，以及生活等其他部门能耗强度变化节能量五部分之和。

2006—2022 年我国三次产业结构变化节能量累计为 4.1 亿吨标准煤。三次产业结构变化节能量在大多数年份为正值，但也有一些年份为负值（见图 4-6）。负值年份通常为第二产业在三次产业结构中比重上升的年份，因为我国第二产业的单位增加值能耗是第一产业和第三产业的 5 倍以上，是三次产业中对能源消费依赖程度最高的产业。

2006—2022 年我国第一产业能耗强度变化节能量累计约 0.4 亿吨标准煤。我国第一产业能源消耗量较小，节能量也相对较小，年度节能量在百万吨标准煤量级。多数年份我国第一产业节能量为正值，少数年份为负值。

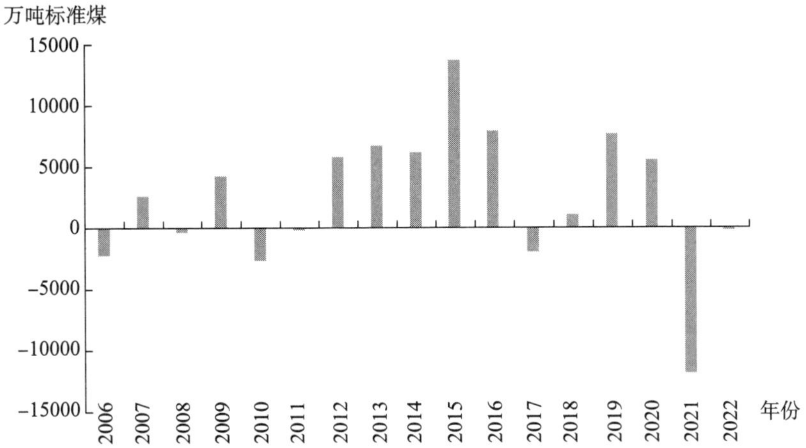

图 4-6　2006—2022 年我国三次产业结构变化节能量

数据来源：根据国家统计局、《中国能源统计年鉴》数据计算。

2006—2022 年我国第二产业能耗强度变化节能量累计约 13.6 亿吨标准煤。第二产业能源消耗量大，节能量也相对较大，年度节能量经常会超过 1 亿吨标准煤。2019 年之后出现负值，年度间波动加大。

2006—2022 年我国第三产业能耗强度变化节能量累计约 4.2 亿吨标准煤。第三产业年度节能量一般在千万吨标准煤量级，年度节能量除个别年份出现负值外，基本上为正值。

2006—2022 年我国生活等其他部门能耗强度变化节能量为 1.5 亿吨标准煤。由于生活部门消耗能源，但不直接产生经济增加值，因此，通过虚拟的能耗强度变化来进行计算。生活等部门年度节能量大约在一两千万吨标准煤。

2006—2022 年我国三次产业及生活等部门能耗强度变化节能量如图 4-7所示。

总体来看，“十一五”以来，我国的节能量主要是第二产业能耗强度变化所带来的，贡献度超过一半①；第三产业能耗强度变化、三次产业结

① 当然，如果数据支持将第二产业能耗强度变化所带来的节能量再进行拆解，也可以分为第二产业内部产业结构变化带来的节能量贡献，以及细分的各个产业能效变化带来的节能量贡献。

构调整所带来的节能量贡献均接近 20%。

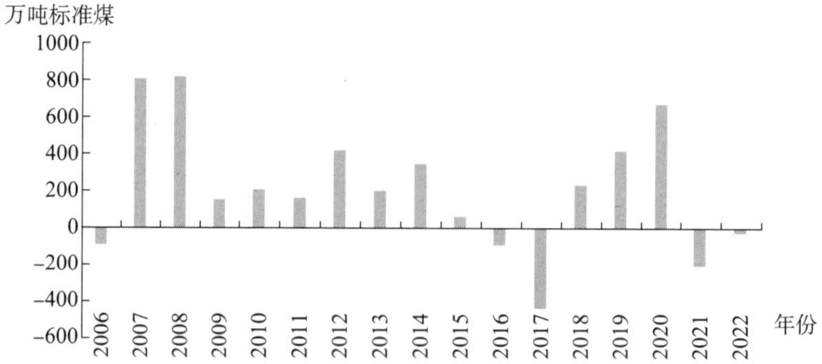

（a）我国第一产业能耗强度变化节能量（2006—2022年）

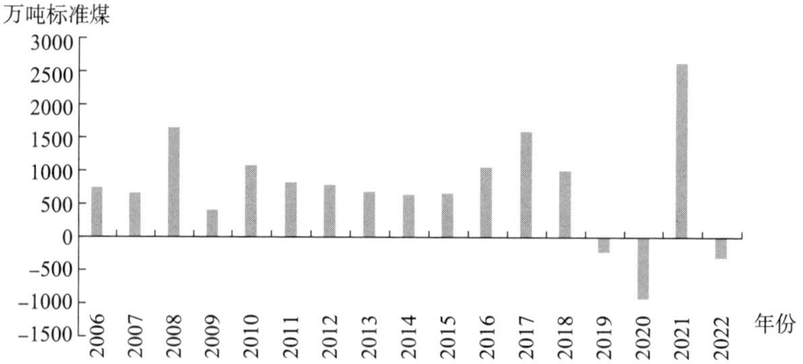

（b）我国第二产业能耗强度变化节能量（2006—2022年）

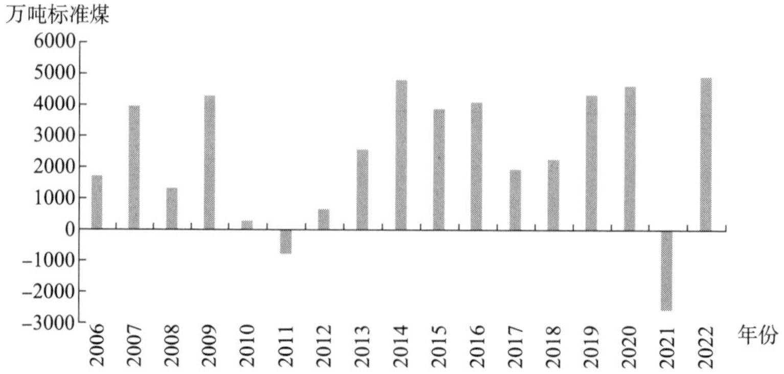

（c）我国第三产业能耗强度变化节能量（2006—2022年）

图 4-7　2006—2022 年我国三次产业及生活等部门能耗强度变化节能量

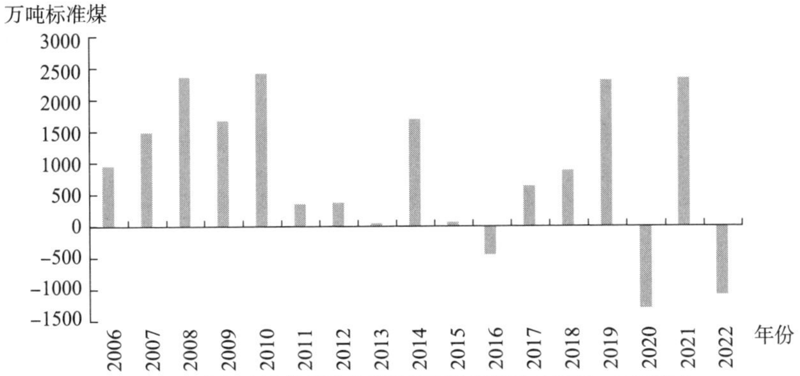

（d）我国生活等部门能耗强度变化节能量（2006—2022年）

图 4-7　2006—2022 年我国三次产业及生活等部门能耗强度变化节能量（续）

数据来源：根据国家统计局、《中国能源统计年鉴》数据计算。

分五年时间段看，第二产业能耗强度变化对节能量的贡献在每个五年的时间段里都很突出；三次产业结构变化带来的节能量在“十二五”“十三五”时期非常明显，在“十四五”前两年的贡献为负；第三产业能耗强度变化带来的节能量始终较为稳定；第一产业以及居民生活等部门能耗强度变化带来的节能量较小（见图 4-8）。

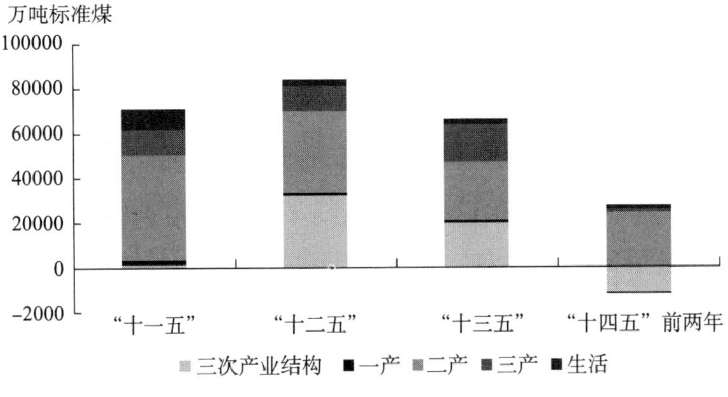

图 4-8　“十一五”以来我国节能量分解

数据来源：根据国家统计局、《中国能源统计年鉴》数据计算。

三、国家节能目标按地区分解方法

除了从产业、部门来看待全社会节能的贡献因素外，在实际中，我国的节能目标也会以五年规划为周期、按照地区进行分解。在政策实践中，全国节能目标按地区分解要考虑诸多因素；本节从研究的角度，以相对简化的方式，探讨一国节能目标按地区分解的方法。

（一）双控目标的关系

在讨论国家双控目标按地区分解时，实际上重点要讨论两组关系：一是总量目标和强度目标的关系；二是国家和地区的关系。

1. 总量目标与强度目标

“十三五”时期，我国节能目标的形式是能耗双控目标，即能耗强度目标和能耗总量目标；“十四五”时期，能耗双控逐步转向碳排放双控。无论是能耗双控还是碳排放双控，在目标形式上具有相似性；进行能耗双控目标按地区分解的探讨，对于碳排放双控目标按地区分解也具有一定的借鉴意义。

数学形式上，总量目标和强度目标是通过产出指标（一般是国内生产总值 GDP）相联系的。就总量目标而言，可以理解为决策者制定一个能源消费量上限目标 $\underline{Q}$，即要求在未来某时点能源消费总量不超过 $\underline{Q}$，以 $\underline{Q}$ 作为总量目标。就强度目标而言，可以理解为决策者采用一个能够表示经济产出的指标 Y（通常是 GDP），并有能耗强度 $\gamma=\frac{Q}{Y}$，确定未来某时点强度上限 $\underline{\gamma}$，以 $\underline{\gamma}$ 作为强度目标。

如果未来不存在不确定性，总量目标和强度目标两种约束在效果上是等价的。在这里，未来不存在不确定性意味着决策者根据掌握的信息能够对未来产出做出准确的预期，即 $E_{\theta}[Y]=Y$。用 θ 表示决策者拥有的信息集，对未来经济总量的预期可表达为 $E_\theta[Y]$。于是，在设定的能耗强度限制 $\underline{\gamma}$ 下，能耗总量目标为 $\underline{\gamma}E_\theta[Y]$；该值与能耗总量目标 $\underline{Q}$ 应是一致的。在现实中，当实际经济增长高于预期时，总量目标起到更强的约束作用；当实际经济增长低于预期时，强度目标起到更强的约束作用。

2. 国家目标与地区目标

从数量上，国家目标和各地区目标存在着数学关系。各地区完成目标是全国完成目标的基础。就能耗总量目标而言，国家和地方的关系是简单的。一国的能源消费可以表示为各省份能源消费之和，假设一国能源消费量为 C_{country}，各省份能源消费分别为 C_i，$i=1$，2，…，n。于是有

$$C_{\text{country}} = \sum_i C_i$$

或者可以表示为

$$\frac{C_1}{C_{\text{country}}}+\frac{C_2}{C_{\text{country}}}+\cdots+\frac{C_n}{C_{\text{country}}}=1$$

在这里，定义 $\varphi_i=\dfrac{C_i}{C_{\text{country}}}=\dfrac{C_i}{\sum_i C_i}$，表示 i 省能源消费占全国的比重，于是有 $\sum_i \varphi_i=1$。各地区消费比重对国家能源消费的贡献可以通过 φ_i 反映。

就能耗强度目标而言，由于是涉及两个变量的相对指标，国家目标和地方目标之间的关系较为复杂。在此通过公式进行推导：能耗强度可表示为单位经济产出的能耗，或者表示为单位能耗可以带来的经济产出，两者互为倒数。这里采用后一种形式[①]，定义 $\eta=\dfrac{Y}{C}$，其中，η 表示单位能耗的产出（与单位产出所需能耗互为倒数），Y 表示经济产出，即 GDP，C 表示能源消费。于是有：

① 在本部分对国家和地区能耗强度关系的推导中，能耗强度指单位能源消费带来的产出（这点与本书其他部分的讨论有所区别）。

国家能耗强度 $\eta_{country}=\frac{Y_{country}}{C_{country}}$，地区能耗强度 $\eta_i=\frac{Y_i}{C_i}$，$i=1, 2, \cdots, n$。且有 $Y_{country}=\sum_i Y_i$，$C_{country}=\sum_i C_i$。经推导，国家能耗强度与地区能耗强度间有如下关系：

$$\eta_{country}=\sum_{i=1}^{n}\varphi_i\cdot\eta_i=\left(\varphi_1\cdot\frac{\eta_1}{\eta_{country}}+\varphi_2\cdot\frac{\eta_2}{\eta_{country}}+\cdots+\varphi_n\cdot\frac{\eta_n}{\eta_{country}}\right)\eta_{country},$$

且有 $\varphi_1\cdot\frac{\eta_1}{\eta_{country}}+\varphi_2\cdot\frac{\eta_2}{\eta_{country}}+\cdots+\varphi_n\cdot\frac{\eta_n}{\eta_{country}}=1$。

令 $\omega_{e,i}=\frac{\varphi_i\cdot\eta_i}{\eta_{country}}$，定义其为各省份对国家能源强度变化的贡献度。则可推出：首先，所有省份的能耗强度贡献度之和为1，省份 i 的贡献与该省能源消费占全国能源消费比重 φ_i 以及省份与国家能源强度之比 $\frac{\eta_i}{\eta_{country}}$ 有关。其次，单一省份能耗强度的改变对国家的影响与贡献度有关，可以证明，在其他条件不变的情况下，省份 i 的能耗强度改变1%，国家的能耗强度变动 $1\%\cdot\omega_{e,i}$。

3. 进一步探讨

如前所述，双控目标是通过 GDP 相联系的两个目标，当对 GDP 的预期确定之后，从一个目标可以等价推出另一个目标。因此，一个地区的双控目标的确定通常可以先确定其中一个控制目标，再根据 GDP 预测推出另一个目标。这样就可以有两种基本的实现双控目标分解的方式，可以分别称为“由强度到总量”式和“由总量到强度”式。

对于“由强度到总量”的方式，在分解中必须考虑各地区的经济增速，在对各地区经济增长进行预测之后，在保证国家目标实现这一约束下，可以通过分解将目标分解到各地区。在得到各地区强度目标之后，根据之前对各地区经济增长的预测便可以得到各地区总量目标。然后需要将各地区总量目标加总，并计算是否与国家的总量目标相等。如果不相等，需要重新对预测和分解进行调整。

对于“由总量到强度”的方式，理论上某些分解方法是可以在不考虑各地区未来经济增速的情况下实现分解的。当把国家总量目标分解到各个地区后，可以通过对各地区经济增速的预测来得到各地区的强度目标，同样，也要通过核算检验来使之与国家强度目标相匹配。

除了上述基本方式外，也可以通过不同方法分别确定各地区总量目标和强度目标，但这样确定的两个目标之间会存在协调性问题，需要采取某种形式的折中处理确定目标，这实际上是在两种方法之间进行“妥协”来获得双控目标结果。

在每一种分解方法中实际上都包含了对国家目标和地区目标关系的处理方式。需要注意的是，在 GDP 或能源消费量等统计指标上可能存在国家与地区合计不相等的问题。这需要在分解前进行数据校准或者在分解后进行结果修正。

（二）双控目标按地区分解的方法

在讨论了国家能效目标与地区能效目标的数量关系后，本章探索建立一套可以进行实际操作的方法学，力求在兼顾效率与公平的同时，进行从国家目标到地区目标的分解。

方法学的原则：第一，综合考虑各地区节能责任、节能潜力、节能能力等因素，对地区进行聚类。第二，相近地区承担相近节能目标，节能责任大、潜力大、能力强的地区组原则上应承担高于国家平均水平的节能目标，节能难度大的地区组承担略低于国家平均水平的目标。第三，先分强度、再分总量。以能耗强度下降率目标作为核心约束目标，优先分解强度目标，再匹配总量目标。第四，聚类分析、分类分配。按照“相似地区承担相近目标、不同类型地区略有差别”原则，采用聚类分析等方法，每一类地区分配相近节能目标。第五，地区目标的完成应确保国家目标的实现，如有特殊情况，地区酌情给予特殊考虑。

在此，以强度目标分解为例来说明分解方法。该方法主要有以下六个步骤：

（1）建立指标体系；

（2）数据收集、整理；

（3）聚类分析；

（4）分类设定目标；

（5）目标检验；

（6）目标调整（如果需要）。

通过以上步骤，我们可以将国家层面的控制目标分配到地区层面，并使地区目标与国家目标相匹配。

1. 建立指标体系

要进行各地区的分类，首先要建立指标体系。选取适当的指标反映不同省份的特点，特别是能源消费和能源节约相关方面的特点。一般来说，我们将指标类型分成三类：第一类是反映节能责任的指标，地区经济总量大、能源消费量大，则其节能责任较大。第二类是反映节能潜力或节能难度的指标，可以考虑能源强度、产业结构、城镇化率等指标。第三类是反映节能能力的指标，可以考虑选择反映地区经济发展程度、地区财政实力的指标。表 4-2 是一个指标体系示例。

表 4-2　指标体系

类型	指标	说明
节能责任	能源消费量占全国比重	反映对实现国家能效目标的贡献
	地区生产总值占全国比重	反映对实现国家能效目标的贡献

续表

类型	指标	说明
节能潜力/难度	单位 GDP 能耗	反映节能潜力
	第二产业或第三产业占 GDP 比重	反映经济结构因素，第二产业增加值占比高，则节能潜力相对较大
	城镇化率	反映城镇化水平，城市和乡村能源消费特点不同，城市能源消费相对集中
节能能力	人均 GDP	反映经济发展水平
	地方财政支出占全国比重	反映财政能力

资料来源：作者绘制。

2. 数据收集、整理

根据建立的指标体系收集每个省各项指标的数据。一般来说，应取得最近可得年份的数据。数据主要来源于统计部门，应保证数据的权威性和准确性。

3. 聚类分析

采用聚类分析的目的是将地区分成若干组，同一组内的地区在能源消费和节能方面有相似特征。聚类分析是一种统计方法，它的基本原理是：首先将一定数量的样本或指标各自看成一类，然后根据样本（或指标）的亲疏程度，将亲疏程度最高的两类进行合并，然后考虑合并后的类与其他类之间的亲疏程度，再进行合并。重复这一过程，直到将所有的样本（或指标）合并为一类。聚类分为 Q 型聚类和 R 型聚类，Q 型聚类是对样本进行聚类，它使具有相似特征的样本聚集在一起，使差异性大的样本分离开来；R 型聚类是对变量进行聚类，它使差异性大的变量分离开来，相似的变量聚集在一起，这样就可以在相似变量中选择少数具有代表性的变量参与其他分析，达到减少变量个数、降低变量维度的目的。我们在能效目标地区分解中采用的聚类属于 Q 型聚类，即对样本进行聚类。可以使用 SPSS、SAS、MATLAB 等统计软件来实现。

4. 分类设定目标

当完成地区聚类分析后，要对每一类设定目标。对每一类进行目标设定时，要考虑每一类地区在不同维度上呈现的特点。例如，某一类地区具有经济总量、能源消费量普遍较大等特点时，则应对其分配高于或等于国家平均水平的目标。分配的合理性要结合对各地区实际情况的考察来判断。在初步分配后，还要对全国目标的平衡情况进行检验。

5. 目标检验

进行目标检验的目的是确保地区目标完成的情况下国家目标能够实现。根据本章前文对数量关系的推导，可对各地区目标达到不同数值时国家目标的完成情况进行检验。理想的情况是地区下降率目标完成能使国家实现所设定的下降率，或略低于设定的下降率目标。如果不能使国家目标完成，则应该对各组向下调整目标。如果下降过多，远超既定目标，也是不合适的，这意味着地区的目标过于严格，应对各组向上调整目标。

6. 目标调整

目标的调整是反复试算的过程，直到得到较为满意的分解方案。另外，目标调整还要视国家和地区的实际情况而定。也可以将分配方案作为基础，通过谈判和协商的方式与各地区共同商定目标。目标调整时要注意地区目标实现与国家目标实现的平衡关系。通常对于能耗下降率目标来说，通过每次向上或向下调整 1 个（或 0.5 个）百分点来进行试算，直到得到理想结果。

（三）目标分解的难题与多样性

尽管从理论上，双控目标分解中的两组关系是较为清晰的，但在实际中，进行分解也面临诸多难题。一方面，很难找到一种绝对科学的方法，来确保所用方法能完美实现既定目标，所用分解方法与目标之间难免出现或多或少的偏差。一般来说，可通过追求全社会成本最小化的方式来实现效率和公平，也就是要使各地区边际节能成本趋于一致，但是各地区的节能潜力和成本难以精确计算和比较，在操作层面无法实现理想中的效率。另一方面，目标任务通常是跨时期延续的，不仅仅是一个五年规划周期的目标，如何考虑上一个时期的目标完成情况从而更合理设定新时期的目标，也具有很大挑战；只有处理好目标“延续”的难题，才可以在一定程度上避免对地区造成逆向激励。

除了按照某种方法进行计算来分解目标之外，也存在一些其他形式的分配目标的方法。例如，“讨价还价”（bargaining）是重要的达成均衡结果的过程。在目标分解这一问题上也可以进行应用。最简单的形式就是协商沟通，如各省份向国家上报目标，然后再通过国家与各省份上下多次反复的协商可以达成一致。实际上，协商的方法也可以在目标分解中作为辅助使用。另外，理论上，也可以通过配额拍卖的形式确定。此外，在博弈理论中，拍卖（auction）是形成初始分配均衡的一种重要手段。利用这种手段同样也可以达到目标分配的效果。相对于协商确定目标，拍卖这一形式更加复杂。应用拍卖规则必须要有某种形式的“支付”，因此，采用这种思路需要合理设计出一种关系到各地区利益的“支付”。当然，基于数据统计的分解方法，同样也可以有多种，例如可以采用选取指标赋权打分后对各地区分配目标等方法，在此不做赘述。

四、主要结论

本章采用数据分析和数理推导的方式，对我国节能和能效提升的成效以及对全球贡献进行了说明，并通过对节能量因素分解、节能目标按地区分解的讨论说明了一国能效提升的构成因素。主要得出以下几点结论：

第一，回顾 1991—2020 年，我国的节能量占到全球一半，为全球可持续发展做出了重要贡献。

第二，我国长期重视节能，特别是“十一五”以来，每个五年规划都设置节能目标，对节能工作起到牵引作用。2006—2022 年，我国环比累计节能量超过 23 亿吨标准煤。第二产业能耗强度变化所带来的节能量是贡献最大的，第三产业能耗强度变化、三次产业结构调整也带来重要贡献。

第三，一国的节能目标可以通过分解到各地区来推动其落实。进行国家双控目标按地区分解重点要考虑总量目标和强度目标的关系以及国家和地区的关系。可以通过综合考虑各地区节能责任、节能潜力、节能能力等因素，对地区进行聚类，再按照相近地区承担相近节能目标的方法进行分解。

第五章 典型国家碳达峰特点及能耗强度规律

一个经济体在实现碳达峰的过程中，经济社会往往经历深刻变革。不同经济体在碳达峰实现路径上会有一些普遍性、共性规律；同时，也会由于发展模式、资源禀赋、产业结构等不同而存在路径上的差异。本章主要考察典型国家碳达峰过程中经济社会发展特点，以及能源消费量、能耗强度等的变化规律，从中得到可资借鉴的经验。

一、典型国家选取与相关考虑

从全球情况看，有研究显示已有超过 50 个国家和地区实现碳排放达峰，大部分国家和地区达峰时间集中在 20 世纪七八十年代以及 21 世纪前十年两个时间段。目前我国尚处在碳达峰的过程中。为给我国碳达峰提供可资借鉴的经验，本章通过选取典型国家并考察其碳达峰时及达峰前后的经济社会、能源、碳排放等指标来研究碳达峰的特点和规律。

在进行典型国家和地区选取时，主要考虑三方面因素：第一，考虑已实现碳达峰的国家和地区；第二，考虑具有一定的规模和体量的国家和地区，将门槛设定为达峰时碳排放①达到 3 亿吨以上；第三，考虑具有一定代表性，且尽量兼顾各大洲及不同时间段达峰的国家和地区。综合以上考虑，选取了 8 个典型国家，分别为美国、巴西、法国、德国、意大利、西

① 这里采用能源活动碳排放。

班牙、英国、日本。所用数据来自世界银行数据、BP 能源统计数据等。

需要说明的是，碳达峰是后验的事件，需要一定的观察期才能确定一个国家和地区碳排放峰值的出现。观察期需要多长、碳排放较最高点下降多少才可以算作稳定出现峰值，目前尚没有权威的判断标准。本章将碳排放在峰值后稳定下降，并较峰值下降 5%作为量化标准。如果一个国家或地区的碳排放在峰值出现后持续稳定下降超过 5%，则将这一过程视为碳达峰，将碳排放最高的年份视为达峰时间，将该年的排放量视为峰值。

二、典型国家碳达峰时间

从碳排放达峰时间来看，法国、德国、英国在 1990 年前实现碳达峰，其余 5 国在 2000 年后达峰，其中，美国、意大利、西班牙、日本在 2000—2010 年实现碳达峰，巴西于 2014 年出现碳排放峰值并在随后有明显下降。

一般来说，达峰会伴有一定时间的平台期。绝对意义上的峰值（最高点）在某一年份出现，但在峰值年份前后碳排放量会呈现平台波动特征。将峰值 5%以内的波动视作平台期，即将排放在峰值水平的 95%至峰值水平间的时间区间视作平台持续期。可以观察到，典型国家的平台期持续时间存在明显差异性。

典型国家峰值平台持续时间有两个特点：

第一，峰值平台期持续时间长的是经济体量、排放体量较大的国家，一定程度上也说明体量大的国家排放量变化相对稳定。日本、美国、德国的峰值平台期明显长于其他国家，均在 10 年左右。法国峰值平台期为 6 年，相对较长。意大利、英国、西班牙、巴西的峰值平台期均未超过 5 年，特别是西班牙、巴西的峰值平台期短，呈现快速达峰、快速去峰的特征。

第二，峰值出现的具体年份会受经济周期及具体事件的影响。如

表 5-1所示，在典型国家中，法国、德国、英国的峰值年份集中出现在1973 年，美国、西班牙、日本的峰值年份集中出现在 2007—2008 年。1973—1975 年的资本主义世界经济危机以及 2008 年前后的世界金融危机使这些国家经济增速下降，客观上起到了降低碳排放的作用。

表 5-1　典型国家碳达峰年份与峰值平台期

国家	碳排放峰值年份	峰值平台期	平台持续时间	平台持续时间特征
美国	2007	2000—2008 年	9 年	平台期长
巴西	2014	2013—2015 年	3 年	平台期短
法国	1973	1973—1978 年	6 年	平台期较长
德国	1973	1972—1980 年	9 年	平台期长
意大利	2005	2003—2007 年	5 年	平台期短
西班牙	2007	2004—2007 年	4 年	平台期短
英国	1973	1969—1973 年	5 年	平台期短
日本	2008	2002—2014 年	13 年	平台期长

数据来源：根据 Energy Institute Statistical Review of World Energy（原 BP 能源统计数据）数据计算。

三、典型国家碳达峰过程中经济社会发展特点

（一）碳达峰时经济社会发展水平

碳达峰时典型国家的人口增速普遍处于低速增长期，城镇化率达到较高水平。从人口增速来看，在碳达峰时，除西班牙外，其他国家的人口年增速均不超过 1%。从城镇化水平来看，20 世纪 70 年代碳达峰的法国、德国、英国达峰时城镇化率均在 70% 以上，21 世纪碳达峰的美国、巴西、日本达峰时城镇化率在 80% 以上，西班牙达峰时城镇化率接近 80%。意大利较为特殊，一直保持相对较低的城镇化率，在达峰时城镇化率不到 70%。

从GDP增速变化来看，典型国家的历史发展经验显示，碳达峰进程往往伴随GDP进入较低增速阶段。换言之，经济增长与碳排放的"脱钩"是在相对较低的经济增速下完成的。通过对比各个国家碳排放峰值年份前10年的GDP增速与后10年的GDP增速可以看出，所有国家均呈现经济增速下降趋势。日本由于长期处于经济低增速时期，达峰前后经济增速下降不明显。除日本外，各国的经济增速降幅在2个百分点左右或以上，其中巴西、法国、英国碳达峰前后经济增速下降幅度较大，这也显示出了对于多数国家来说经济增速趋缓促使碳排放峰值更为明显地出现（见表5-2）。

表5-2 典型国家碳达峰前后经济增速

国家	碳排放峰值年份	峰值年份前10年GDP年均增速（%）	峰值年份后10年GDP年均增速（%）
美国	2007	3.4	1.5
巴西	2014	4.0	-0.5*
法国	1973	6.9	2.5
德国	1973	3.7**	1.8
意大利	2005	1.7	-0.5
西班牙	2007	3.8	0.3
英国	1973	6.5	1.2
日本	2008	1.0	0.6

注：*表示巴西达峰年份晚，使用的是峰值年份后5年GDP年均增速。**表示由于数据原因，德国使用的是碳排放峰值年份前2年GDP年均增速。

数据来源：根据Energy Institute Statistical Review of World Energy（原BP能源统计数据）数据计算。

从人均GDP来看，相对较晚实现碳达峰的国家达峰时人均GDP较高。20世纪70年代碳达峰的法国、德国、英国达峰时人均GDP在2.0万~2.3万美元（按2010年不变价美元计算，下同）。21世纪达峰的意大利、西班牙达峰时人均 GDP 为 3.2 万～3.7 万美元，美国、日本达峰时人均 GDP 为 4.5 万～5.0 万美元，巴西达峰时人均 GDP 较低，为 1.2 万美元。碳达峰时人均 GDP 的差异性也说明，达到相对较高的人均 GDP 意味着经济体发展水平高，有利于实现碳排放达峰。但碳达峰时间和人均 GDP 并不存在简单的对应关系，并不是达到人均 GDP 某个门槛值就一定能实现碳达峰。

（二）碳达峰时产业结构特点

从产业结构来看，典型国家实现碳达峰时已进入后工业化时期，农业在经济结构中占比低，服务业在经济结构中占比达到 50%以上。法国 20 世纪 70 年代碳达峰，达峰时农业增加值占 GDP 比重为 7%左右，服务业增加值占 GDP 比重为 53%左右。意大利、西班牙、日本、巴西在 21 世纪碳达峰，达峰时农业增加值占 GDP 比重均在 5%以下，服务业增加值占 GDP 比重在 60%以上，美国达峰时服务业占比更高，达到 70%以上。

典型国家大多数在碳排放峰值出现时产业结构已进入较为稳定阶段。美国服务业占比在达峰后基本在 74%～77%波动，巴西、意大利、日本等在达峰后服务业占比也保持窄幅波动。

四、典型国家碳达峰过程中能耗与碳排放特点

（一）碳达峰前后能源消费与能耗强度变化

能源效率提升、能耗强度下降对于碳达峰后碳排放持续下降起到重要作用。法国、德国、英国 20 世纪 70 年代碳达峰，达峰后 10 年的单位 GDP 能耗年均下降率分别为 2.1%、1.7%和 2.7%。21 世纪达峰的意大利、西班牙、日本在达峰后 10 年的单位 GDP 能耗年均下降率分别为 1.6%、1.7%和 2.1%，能耗强度下降率均较达峰前 10 年有明显提升。

美国本身单位 GDP 能耗明显高于其他典型国家，在达峰后 10 年的单位 GDP 能耗年均下降率为 2.0%，达峰前 10 年为 2.7%，前后阶段都保持了持续的能耗强度下降。巴西有一定特殊性，在碳达峰前后能耗强度变化幅度都较小。

碳排放与能源消费量和能源结构相关。碳排放达到峰值并不必然要求能源消费达到峰值，但从经验来看，多数国家在碳达峰前后或一段时期后会出现能源消费峰值。如表 5-3 所示，在典型国家中，除日本具有特殊性外，其他国家都在碳排放达峰的同年或其后出现能源消费峰值。美国、意大利、西班牙的能源消费峰值与碳达峰同年出现。巴西、德国的能源消费峰值时间晚于碳达峰 5~6 年。法国、英国在 20 世纪实现碳达峰，在 21 世纪实现能源消费达峰，时间相差 30 年以上。

表 5-3　典型国家能源消费峰值与碳达峰时间对比

国家	碳排放峰值年份	能源消费峰值年份	能源消费峰值较碳排放峰值滞后时间（年）
美国	2007	2007	0
巴西	2014	2019	5
法国	1973	2004	31
德国	1973	1979	6
意大利	2005	2005	0
西班牙	2007	2007	0
英国	1973	2005	32
日本	2008	2005	-3

数据来源：根据 Energy Institute Statistical Review of World Energy（原 BP 能源统计数据）数据计算。

（二）碳达峰时的人均能源消费与人均碳排放

在碳达峰时，典型国家人均能源消费水平主要集中在 4.6~6.1 吨标准煤，人均碳排放主要分布在 8.1~14.1 吨二氧化碳，与人均能源消费量相比，碳达峰时人均碳排放的差异性更高。如表 5-4 所示，法国、德国、意大利、西班牙、英国、日本在碳达峰时人均能源消费量相近程度高，美国达峰时的人均能源消费量大幅高于其他国家，巴西则明显低于各国。在人均碳排放方面，也呈现类似特点，相比人均能源消费量，碳达峰时各国人均碳排放的分布更为分散。

表 5-4　典型国家碳达峰时人均能源消费量与人均碳排放量

国家	碳排放峰值年份	碳达峰时的人均能源消费量（吨标准煤）	碳达峰时的人均碳排放量（吨）
美国	2007	10.9	19.6
巴西	2014	2.1	2.5
法国	1973	5.0	9.8
德国	1973	6.1	14.1
意大利	2005	4.6	8.1
西班牙	2007	4.9	8.4
英国	1973	5.8	13.0
日本	2008	5.7	10.1

数据来源：根据 World Bank Open Data（世界银行数据库）、Energy Institute Statistical Review of World Energy（原 BP 能源统计数据）数据计算。

从各国人均能源消费量和人均碳排放量的历史变化中可以发现，人均碳排放达峰的时间一般略早于碳达峰时间，多数国家人均能源消费量达峰时间早于碳达峰时间，少数国家人均能源消费量达峰时间晚于碳达峰时间。如表 5-5 所示，美国的人均能源消费量和人均碳排放量均出现在 1973 年，大幅早于其碳达峰时间，这与美国在很长时期内人口增速相对较快有关。除美国外，其他各国的人均碳排放峰值年与碳排放总量峰值年相接近，也表明碳达峰前后已进入人口低增速时期。美国、日本的人均能源消费量峰值明显早于碳达峰时间，法国、德国的人均能源消费量峰值晚于碳达峰时间。

表 5-5 典型国家人均能源消费量、人均碳排放量峰值时间与碳达峰时间

国家	碳排放峰值年份	人均能源消费量			人均碳排放量		
		峰值（吨标准煤）	峰值年份	较碳达峰年份提前时间（年）	峰值（吨）	峰值年份	较碳达峰年份提前时间（年）
美国	2007	11.6	1973	34	22.4	1973	34
巴西	2014	2.1	2014	0	2.5	2014	0
法国	1973	6.2	2001	-28	9.8	1973	0
德国	1973	6.8	1979	-6	14.1	1973	0
意大利	2005	4.6	2004	1	8.1	2004	1
西班牙	2007	5.0	2004	3	8.6	2005	2
英国	1973	5.8	1973	0	13.0	1970	3
日本	2008	5.9	2000	8	10.1	2005	3

数据来源：根据 World Bank Open Data（世界银行数据库）、Energy Institute Statistical Review of World Energy（原 BP 能源统计数据）数据计算。

（三）碳达峰后碳排放下降趋势

21 世纪实现碳达峰的国家普遍呈现达峰后快速去峰的特点，表现为峰值后的平台期较短，碳排放量在峰值年后较快下降。典型如美国、巴西、意大利、西班牙等，这些国家的碳排放峰值都出现在 2000 年以后（见表 5-6），碳排放量从峰值稳定下降到峰值排放的 90%以下时间不超过 5 年，经济周期影响和能源结构调整是较快去峰的重要原因。相对而言，20 世纪 70 年代碳达峰的法国、德国、英国等去峰时间较长。

表 5-6 典型国家碳达峰后排放变化

国家	碳排放峰值年份	较峰值下降超过 5%的年份	较峰值下降超过 10%的年份	2019 年比峰值减少（%）	2020 年比峰值减少（%）
美国	2007	2009	2012	14.6	24.4
巴西	2014	2016	2018	12.4	17.8
法国	1973	1980	1981	42.4	51.6
德国	1973	1981	1991	39.0	45.8
意大利	2005	2008	2009	29.8	38.9
西班牙	2007	2008	2009	28.8	42.1
英国	1973	1974	1980	47.8	56.2
日本	2008	2015	2018	13.8	20.8

数据来源：根据 Energy Institute Statistical Review of World Energy（原 BP 能源统计数据）数据计算。

一些国家碳排放峰值具有不稳定性，碳排放峰值出现后有反复，呈现"多峰"的特点。以日本为例，峰值最高点出现在 2008 年，在之前的 2005 年以及之后的 2012 年都出现过阶段性高点，排放量非常接近峰值水平（见图 5-1）。日本在 2012 年的阶段高点后排放呈现稳定下降，其"多峰"特点总体上表现为平台期持续时间长。也有一些国家和地区（未选取为典型国家），峰值后排放量下降，但在一段时间后又出现持续增长直至超过前一个峰值，也说明碳达峰需要通过排放量变化去持续观察，同时要结合经济社会发展和能源结构变化趋势做出判断。

典型国家中的大部分国家在碳达峰后至今，平均每年碳排放减少量约为峰值排放的 1%左右。法国、德国、英国在 1973 年碳达峰，至 2019 年①历经 48 年碳排放较峰值下降 40%~50%。美国、日本在 2007 年、2008 年碳达峰，至 2019 年碳排放较峰值下降 14%左右。上述国家达峰后年平

① 考虑疫情期间具有特殊性，采用 2019 年进行对比。

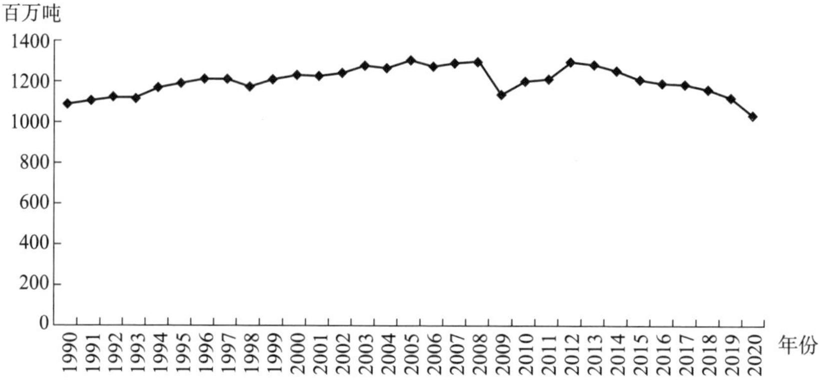

图 5-1　1990—2020 年日本二氧化碳排放量变化

数据来源：根据 World Bank Open Data（世界银行数据库）、Energy Institute Statistical Review of World Energy（原 BP 能源统计数据）数据计算。

均排放降幅都在峰值的 1 个百分点左右。意大利、西班牙、巴西的降幅较快，达峰至今年平均降幅在峰值的 2 个百分点左右。

五、主要结论

通过对典型国家碳达峰碳中和进程中经济社会发展和能源消费的变化特点进行分析，得出以下几点主要结论：

第一，在碳达峰时，典型国家集中表现为人均能源消费 5~6 吨标准煤，人均碳排放 8~14 吨；人均碳排放的峰值通常略早于碳排放总量峰值出现；多数国家在碳达峰后不同时期能源消费量也出现了峰值，在碳达峰后单位 GDP 能耗持续明显降低是多数国家共性特征，对碳达峰后碳排放下降起到重要作用。

第二，碳排放峰值常伴有一定的波动性，达峰常表现为一定时间的峰值平台期，一般来说，经济体量大、排放量大的国家碳达峰阶段峰值平台期持续时间相对较长；各国具体峰值年份的出现受经济周期和突发事件影响；多数国家达峰后至今平均每年减少峰值水平 1 个百分点左右的碳排放。

第三，典型国家在碳达峰时，人口进入低速增长期，城镇化率达到较高水平，大都在70%以上；工业化基本完成，服务业占比达到50%以上；GDP增速较前一时期下降，较晚实现碳达峰的国家达峰时人均GDP较高，中位数在3万美元（2010年不变价）左右。

我国当前的人均GDP、城镇化水平等指标与典型国家达峰时的水平还存在着明显差距，到2030年一些指标也无法完全达到发达国家达峰时的水平，加之我国人口多、地区间差异大，碳达峰碳中和面临的难度和复杂性要高于其他国家和地区。

因此，在我国实现碳达峰迈向碳中和的过程中，既要借鉴已经实现碳达峰的国家和地区在发展中的经验，发挥好后发优势，通过经济社会发展全面绿色转型，推动实现碳达峰碳中和；同时又要立足于本国国情，研究好处理好与典型国家的差异性，面向未来，把握科技革命、产业革命的机遇，走好我国绿色低碳高质量发展道路，以更好实现碳达峰碳中和。

第六章　能源消费弹性系数变化的经验与启示

能源消费弹性系数是刻画能源消费增速与国民经济增速关系的指标，能够从侧面反映能效变化情况。通过对较长时期内能源消费弹性系数的梳理分析，可以从中发现一定的规律，为研究能源经济问题提供指导。本章回顾了全球、部分典型国家以及我国的能源消费弹性系数变化，对其规律以及能源消费弹性系数较高时期的经济社会驱动因素进行了探讨。

一、能源消费弹性系数及其含义

弹性是一个经济学名词，由英国近代经济学家、新古典学派创始人阿尔弗雷德·马歇尔（Alfred Marshall）提出，是指一个变量相对于另一个变量发生的一定比例改变的属性，也就是一个变量对另一个变量变化的反应程度。弹性系数则是对弹性大小进行衡量的指标，表示两个变量变动情况的依存关系。

弹性系数数学形式表达为：$e=\frac{\Delta Y/Y}{\Delta X/X}$，其中，$\Delta Y$ 是变量 Y 的增长量，ΔX 是变量 X 的增长量，e 表示弹性系数，反映了变量 Y 对变量 X 变化的反应程度。当两个变量的变动方向相反时，弹性系数为负数。当弹性系数的绝对值大于 1 时，说明富有弹性，反应程度较大；当弹性系数的绝对值小于 1 时，说明缺乏弹性，反应程度较小。当弹性系数的绝对值正好等于 1 时，说明两个变量同比例变动，具有单位弹性。

具体到能源领域，国家统计局发布的关于弹性的指标主要有能源生产弹性系数、电力生产弹性系数、能源消费弹性系数和电力消费弹性系数等。本章以能源消费弹性系数为例来讨论能源消费弹性系数的历史经验、规律。能源消费弹性系数是反映能源消费增长速度与国民经济增长速度之间比例关系的指标，其计算公式为：能源消费弹性系数=能源消费量年均增长速度/国民经济年均增长速度。能源消费弹性系数能够从侧面反映能源效率的变化情况。在能源消费弹性系数为正值的前提下，能源消费弹性系数小于1，对应的是能源效率提升的过程；能源消费弹性系数大于1，对应的是能源效率下降的过程。

能源消费弹性系数处于不同区间含义不同（见表6-1）。

表6-1　能源消费弹性系数及其含义

能源消费弹性系数 e=能源消费年均增速/国民经济年均增速	反映的关系	含义
$0<e<1$	在能源消费增速、经济增速均大于0的情况下，能源消费增速小于经济增速	经济体能耗强度下降
$e=1$	能源消费增速等于经济增速	经济体能耗强度不变
$e>1$	在能源消费增速、经济增速均大于0的情况下，能源消费增速大于经济增速	经济体能耗强度上升
$e<0$	能源消费增速小于0，经济增速大于0	长期出现，表示经济发展与能源消费脱钩
	能源消费增速大于0，经济增速小于0	经济衰退，能源消费增长，较少出现的特殊情况
$e\to0$	能源消费增速接近0	弹性系数不再具有区分度，无法很好反映能源消费增长和经济增长之间的关系
$e\to\infty$	经济增速接近0	

资料来源：作者绘制。

（1）能源消费弹性系数在 0 和 1 之间，即能源消费增速小于经济增速，反映的是一个经济体在较低的能源消费增长同时取得较高的经济增长；该经济体能耗强度下降，广义能源利用效率在改善。

（2）能源消费弹性系数等于 1，即能源消费增速等于经济增速，反映的是一个经济体的能源消费增长和经济增长的速度相同；该经济体能耗强度不变，广义能源利用效率不变。

（3）能源消费弹性系数大于 1，即能源消费增速大于经济增速，反映的是一个经济体能源消费增长相对较高而经济增长相对较低；该经济体能耗强度上升，广义能源利用效率在下降。

（4）能源消费弹性系数小于 0，反映的是能源消费增长与经济增长呈反向关系。具体又分两种情况：①一个经济体经济增长而能源消费下降，如果长期出现这种情况，可以认为经济发展与能源消费脱钩；②一个经济体经济负增长同时能源消费正增长，这种情况较为少见。

（5）还需要注意的是，存在一些特殊情况，会使能源消费弹性系数失去度量的意义。有两种情况：①当一个经济体能源消费增速为 0 或趋近于 0 的时候，只要经济增速不为 0，那么，能源消费弹性系数的绝对值都是接近 0 的极小值，这种情况下，弹性系数失去反映两者关系的意义。②当一个经济体经济增速为 0 或趋近于 0 的时候，只要能源消费增速不为 0，那么，能源消费弹性系数的绝对值都是趋于无穷的极大值。这意味着，经济增速接近 0 的时候，即便能源消费小幅变动（不论正向或负向），也会使能源消费弹性系数的绝对值变得异常大；这种情况下，弹性系数的具体数值与正常年份之间不具有可比性，失去了反映两者关系的意义。

二、全球能源消费弹性系数变化经验

从全球经验看，自 20 世纪 60 年代以来①，全球能源消费弹性系数整

① 根据可获得数据，选取 1966—2022 年时间段进行研究。

体处于 0.3 至 1.0 的范围内（见图 6-1），若以 1.0 为界，全球曾有过两次在经济和能源消费正增长的情况下，能源消费弹性系数持续（连续两年或以上）超过 1.0 的时期。

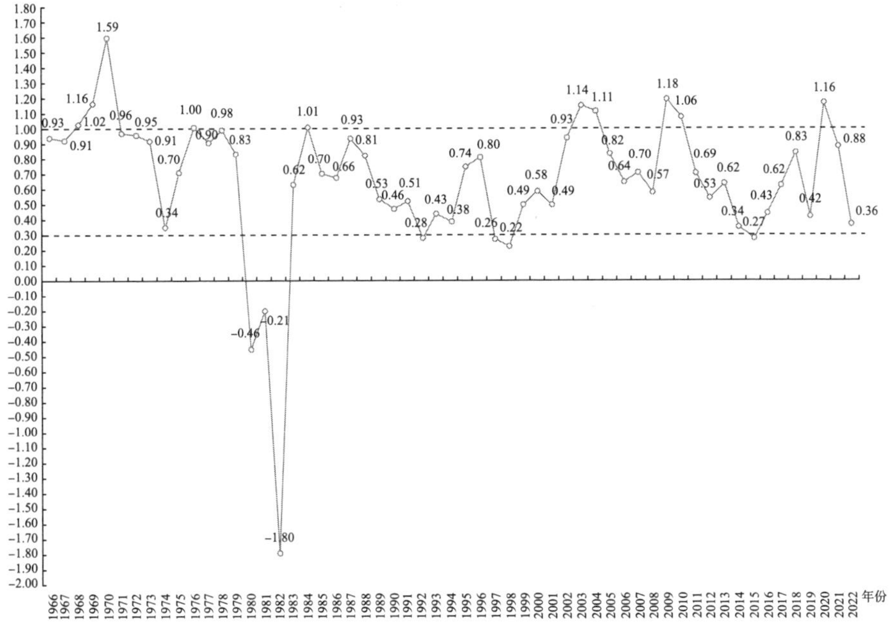

图 6-1　1966—2022 年全球能源消费弹性系数

数据来源：根据 World Bank Open Data（世界银行数据库）、Energy Institute Statistical Review of World Energy（原 BP 能源统计数据）数据计算。

第一次是 20 世纪 60 年代后期到 70 年代初，全球能源消费弹性系数整体处于高位，其中，1968—1970 年全球能源消费弹性系数连续三年超过 1.0。在这一时期，以美国、日本为代表的 OECD（经济合作与发展组织）国家经济快速增长，能源需求快速上涨；仅美国、日本两国的能源消费增量就占到 1968—1970 年全球能源消费增量的 1/3 以上。从能源品种来看，这一时期，石油消费增长是拉动能源消费增长的主要因素，全球能源消费增量的 60%来自石油消费的增长。随着炼油技术和汽车工业大发展，OECD 国家汽车保有量快速提高，汽车加快进入千家万户，生活领域以及工业领域对石油的需求都大幅增长。直到 1973 年 10 月全球石油危机爆发，才使得能源消费弹性系数出现回落。

第二次是 2002—2005 年，全球能源消费弹性系数经过连续上涨后达到高位，其中，2003 年、2004 年全球能源消费弹性系数连续两年大于 1.0。这一时期，以亚洲新兴经济体为代表的一些国家经济繁荣发展，带动能源需求快速增长。这一时期，全球能源消费增长中，60%以上来自东亚和东南亚地区。从能源品种来看，这一时期，能源消费增长主要仍是化石能源增长；特别是煤炭消费的增长，占能源消费增量接近一半。新兴经济体工业化、城镇化步伐加快是带动煤炭等能源快速增长的重要原因，以中国为例，2003 年、2004 年两年的粗钢产量年均增速达到 26%。这一轮全球能源消费弹性系数的高企，在 2005 年之后有所回落。

在经济和能源消费都呈现负增长的时候，也会出现能源消费弹性系数大于 1 的情况，即能源消费下降幅度大于经济下行幅度。这一般在特殊事件影响下发生。例如，2009 年，受金融危机影响，全球经济和能源消费双双出现负增长，全球能源消费弹性系数在 2009 年达到 1.18，在 2010 年为 1.06，弹性系数超过 1.0 的时间为两年。又如，2020 年，受新冠疫情影响，全球经济和能源消费再次双双负增长，2020 年全球能源消费弹性系数达到 1.16。这两次是近年来出现的经济和能源负增长且能源消费弹性系数大于 1.0 的情况。可以看出，经济负增长情况下出现能源消费弹性系数大于 1，一般为突发事件影响下的“异常”情形。

三、典型国家能源消费弹性系数变化特点

相比于全球，一个国家（或地区）的能源消费弹性系数波动性往往更强。以能源消费量较大的发展中国家巴西、印度尼西亚为例，可以看到，巴西和印度尼西亚的能源消费弹性系数在更大的区间范围波动。巴西的能

源消费弹性系数在 2006 年以来超过半数的年份大于 1.0，印度尼西亚的能源消费弹性系数的波动范围则几乎是在0~2（见图 6-2）。

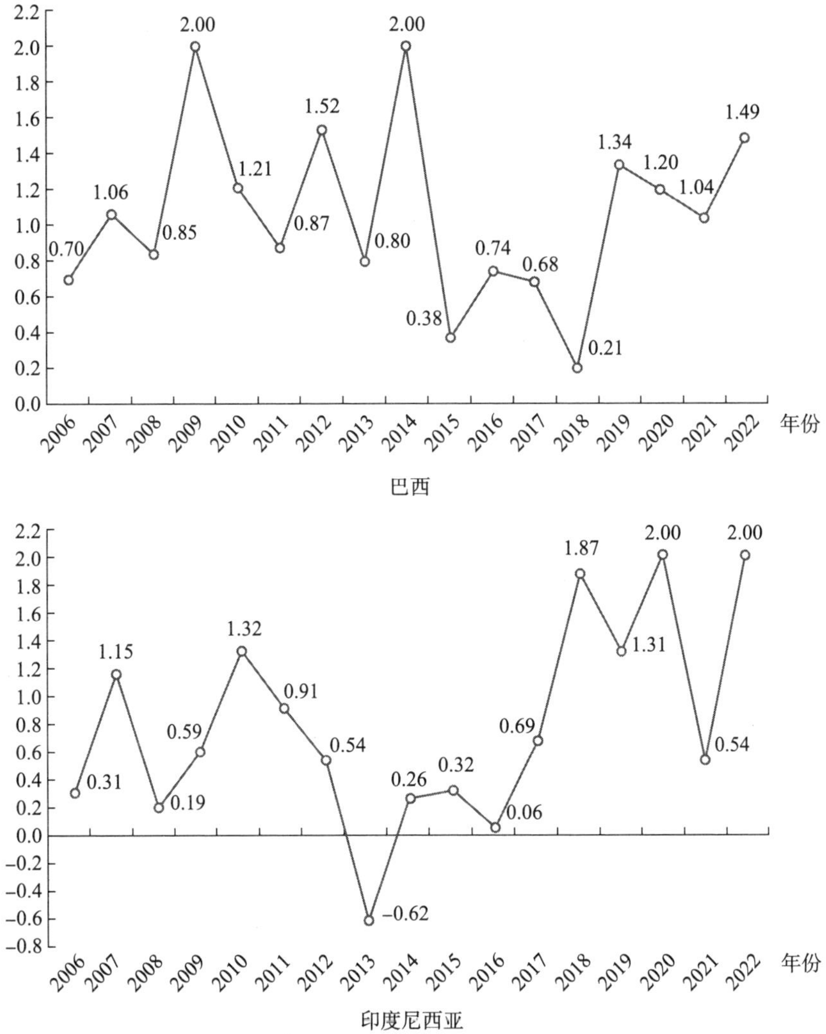

图 6-2　2006—2022 年巴西、印度尼西亚能源消费弹性系数

注：能源消费弹性系数大于 2.0 的数值在图中均用 2.0 表示。

数据来源：根据 World Bank Open Data（世界银行数据库）、Energy Institute Statistical Review of World Energy（原 BP 能源统计数据）数据计算。

此外，不同于发展中国家，一些典型 OECD 国家能源消费弹性系数的波动性表现为在正负值之间“摆动”。如图 6-3 所示，以美国、日本、德国、法国、英国等典型 OECD 国家为例，观察其 2006 年以来的能源消费弹性系数变化情况可以发现，这些国家进入经济增长与能源消费增长“脱钩”阶段，但这并不意味着能源消费弹性系数始终为负，而是表现为弹性系数在正负之间“摆动”，每隔一段时间会“摆动”向另一端；且能源消费弹性系数小于 0 或者大于 1 的年份多，而在 0~1 的年份相对较少。

	2006年	2007年	2008年	2009年	2010年	2011年	2012年	2013年	2014年
美国	↓	—	↓	↑	↑	↓	↓	↑	—
日本	↓	↓	↑	↑	↑	↓	↓	↓	↓
德国	—	↓	↑	↑	↑	↓	↑	↑	↓
法国	↓	↓	↑	↑	↑	↓	↓	↑	↓
英国	↓	↓	↑	↑	—	↓	↑	↓	↓

	2015年	2016年	2017年	2018年	2019年	2020年	2021年	2022年
美国	↓	↓	—	↑	↓	↑	—	↑
日本	↓	↓	—	↓	↑	↑	↑	↓
德国	↑	—	—	↓	↓	↑	↑	↓
法国	—	↓	↓	—	↓	↑	—	↓
英国	—	↓	—	↓	↓	—	—	—

图 6-3　2006—2022 年典型 OECD 国家能源消费弹性系数区间示意

注：若能源消费弹性系数大于 1 则用“↑”表示，若能源消费弹性系数小于 0 则用“↓”表示，若能源消费弹性系数在 0~1 则用“—”表示。

数据来源：根据 World Bank Open Data（世界银行数据库）、Energy Institute Statistical Review of World Energy（原 BP 能源统计数据）数据计算。

四、我国能源消费弹性系数变化特点

从我国能源消费弹性系数来看，改革开放以来，能源消费弹性系数多数时间在 0.3~0.8 波动。回顾 1980—2023 年我国能源消费弹性系数，共有 31 个年份的能源消费弹性系数处在 0.3~0.8，占比达到 70.5%（见图 6-4）。在偏离该区间的 13 个年份中，有 5 个年份低于 0.3，有 8 个年份高于 0.8。能源消费弹性系数高于 0.8 的年份相对集中出现在两个时期，第一个时期是 2002—2005 年，第二个时期是 2020—2023 年。

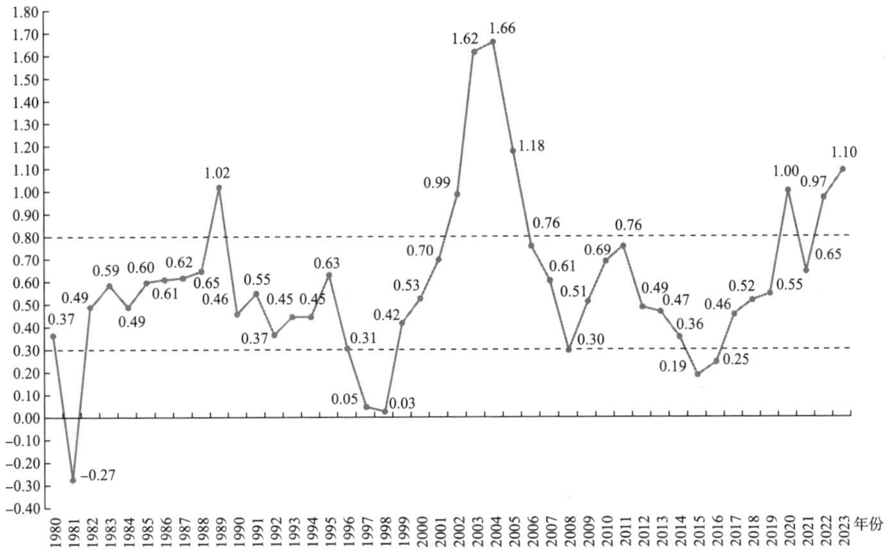

图 6-4　1980—2023 年我国能源消费弹性系数

数据来源：国家统计局数据。

2002—2005 年，我国能源消费弹性系数大幅攀升并持续接近或超过 1.0（2002 年为 0.99，其余 3 年大于 1.0）。在这一时期，我国工业化、城镇化进程加快，房地产业蓬勃发展，基础设施加速建设，钢铁、水泥等高耗能行业产品产量迅速增加，能源消费快速增长。2002—2005 年，我国房地产开发投资年均增速达到 26.9%，粗钢产量年均增速达 24.7%，水泥产量年均增速达 13.8%，能源消费量年均增速高达 15.5%，明显高于同期 10.5%的经济增速，对我国能源供应造成很大压力。

在这种形势下，党中央、国务院显著提高了对节能工作的重视程度。从“十一五”开始，降低单位国内生产总值能耗被确立为经济社会发展五年规划的约束性指标之一，通过多措并举推动各地区、各部门加大节能工作力度，能源消费弹性系数明显回落。2006—2019 年，我国能源消费弹性系数基本保持在 0.3～0.8，平均值为 0.52，在接近 15 年的时间里，以年均 4.5%的能源消费增长支撑了年均 8.7%的经济增长，有效保障了国家能源安全、推动了经济社会可持续发展。

2020—2023 年，我国能源消费弹性系数在 4 年中有 3 年接近或超过 1.0（2020 年、2022 年、2023 年 3 年能源消费弹性系数分别为 1.0、0.97、1.1）。在这一时期，用电需求和原料用能的快速增长是拉高能源消费弹性系数的重要因素。2020—2023 年我国三次产业电力消费弹性系数如表 6-2 所示。

表 6-2　2020—2023 年我国三次产业电力消费弹性系数

	2020 年	2021 年	2022 年	2023 年	年平均
第一产业	3.3	2.7	2.9	2.8	2.8
第二产业	1.5	1.1	0.6	1.4	1.2
第三产业	1.0	2.1	1.5	2.1	1.9

数据来源：根据能源局数据计算。

从电力消费看，2020—2023 年我国平均电力消费弹性系数超过 1.3，三次产业的平均电力消费弹性系数均高于 1.0①，这意味着第一产业、第二产业、第三产业用电量的增速都高于增加值的增速，显示电力消费增长呈现大范围、全方位变化。数字化智能化在各个产业加快应用是出现新变化的重要原因，对电力消费有很明显的拉动作用。一些新兴领域用电量增速较快也是重要原因。以数据中心为例，2020 年我国数据中心用电量为 2045 亿千瓦时，2022 年达到 2700 亿千瓦时，年均增速达到 15%，占全社会用电量比重从 2020 年的 2.7%左右，增长到 2022 年的 3.1%左右；算力基础设施迅猛发展，逐步成为新的用能大户。

从原料用能看，“十四五”时期，我国石化化工项目建设步伐明显加快，主要产品产能和产量大幅增加，带来原料用能大幅增长。据估算，“十四五”前三年，我国原料用能从 2020 年的约 3.5 亿吨标准煤增长到

① 根据能源局公布的用电量数据计算。

2023 年的约 4.9 亿吨标准煤。以典型产品乙烯为例，“十三五”时期，我国乙烯产量年均增加 89 万吨，而“十四五”前三年我国乙烯产量年均增加 343 万吨，是“十三五”时期的 3.9 倍。原料用能快速增长，对能源消费弹性系数形成明显的拉升效果。

五、主要结论

借助能源消费弹性系数，能够对历史上经济增长和能源增长的关系进行分析，研究经济发展不同阶段的特征；对于能源消费弹性系数长期规律的把握也有助于辅助判断我国经济增长的能源需求水平。通过对国内外能源消费弹性系数的历史经验回顾分析，主要有以下几点发现：

第一，从国内外能源消费弹性系数变化的历史经验来看，在能源消费与经济增长“脱钩”前，能源消费弹性系数普遍呈现区间波动特征；在能源消费与经济增长“脱钩”后，能源消费弹性系数通常表现为在正负值之间“摆动”。

第二，20 世纪 60 年代以来，全球能源消费弹性系数两次较长时间的高企，分别是汽车等产业加快发展带动石油消耗增加，以及工业化、城镇化进程加快带动化石能源消费增长所致，反映出发展阶段转换、新型高耗能需求迸发对能源消费弹性系数的影响。

第三，改革开放以来，我国有两个时期能源消费弹性系数高企。第一个时期是“十五”时期，我国处于经济快速发展阶段，基础设施建设带来了能源消费的较快增长，使得我国在该阶段能源消费弹性系数较高。此后，我国于“十一五”期间加大了节能工作力度，这对抑制能源消费弹性系数起到了关键作用。第二个时期是“十三五”末到“十四五”前期，我国处于新发展格局加快构建阶段，同时，受新冠疫情严重冲击、国际地缘政治形势变化等因素影响，能源消费弹性系数较之前提高。在新局面下，也需要把握好能源经济发展新规律，持续跟踪研判能源消费的新形势。

制度篇

制度篇包括三章内容，主要阐述我国节能管理观念和制度的变迁，并以用能权交易制度为例，具体说明我国开展的节能市场化机制探索。第七章从经济学理论角度说明进行节能管理的必要性，并对我国节能管理理念和管理制度的变化进行回顾，总结我国节能管理制度的特点。第八章介绍我国用能权交易制度的背景、实践经验、模式特点等，通过对用能权交易制度的分析介绍反映我国对节能市场化机制不断探索的过程。第九章面向碳达峰碳中和，阐述节能提高能效仍将发挥第一能源的作用，同时在评价标准、管理模式上也将发生新变化。

第七章　我国节能管理制度沿革及其特点

经济学视角下，节能提高能效具有外部性特点。做好节能管理，既需要充分发挥市场作用，也需要发挥政府引导规范作用，让“有形之手”与“无形之手”各司其职，不断促进有效市场和有为政府更好结合。

一、节能管理的必要性

从经济学理论来看，节能管理的必要性来自能源资源的稀缺性以及能源消费的外部性。由于这一领域存在市场失灵，所以需要政府来进行一定程度的管理。从现实来看，我国是能源消费大国，能耗强度仍然较高，当前的能源价格尚不能完全反映能源消费的全部成本，所以也需要通过加强节能管理来促进能源资源节约。

（一）节能管理的理论依据

进行节能管理的理论依据来自能源消费的外部性。外部性也称溢出效应，是指一个人或一群人的行动和决策使另一个人或一群人受损或受益的情况。外部性又分为正外部性和负外部性。正外部性是指个体的活动使他人或社会受益，而受益者无须花费代价；负外部性是指个体的活动使他人或社会受损，而造成负外部性的人却没有为此承担成本。

能源消费的外部性与能源消费结构有关。化石能源消费的负外部性是明显的；非化石能源消费的负外部性不明显，或者说可以近似看作没有负外部性。在当前的能源结构下，能源消费在一定程度上具有负的外部性，这体现在以下三个方面：

首先，能源消费会产生污染物排放，对环境造成危害，进而影响到在环境中生活的人群，因此，能源消费会产生环境负外部性的问题。目前不管是全球还是我国，能源结构中仍是以化石能源为主。2022 年全球以及我国的能源消费结构中，化石能源都占到 80%以上[①]；在我国的化石能源消费中，煤炭仍是占比最高的能源品种。以化石能源为主的能源消费结构会带来多种环境问题。例如，燃煤发电产生的污染物会导致城市空气质量变差，并引起呼吸道疾病。石油开采和运输中如发生泄漏会造成水体和土壤的严重污染，危害当地生物。对环境的不良影响会进一步影响到人类生存环境，从而给人的生产生活带来诸多不利影响。当前以化石能源为主的全球能源结构中，这种能源使用带来的环境负外部性是不容忽视的。

其次，能源消费产生碳排放，会带来全球气候变化的负外部性问题。人类活动或者自然形成的温室气体，会造成温室效应，使全球气温上升，带来冰川融化、海平面上升、极端天气频发等一系列问题，影响人类生存环境。能源消费产生的碳排放是全球温室气体排放的主要来源。随着气候变化领域研究的日益深入，控制气温上升逐渐成为共识，各国控制碳排放的责任也日渐增加。当前的能源结构下，能源消费造成碳排放，进而对气候变化产生影响，也是能源消费负外部性的来源之一。

最后，由于一些能源资源具有稀缺性、不可再生性，当代人过度开发使用将会影响到后代人的使用，能源消费也具有代际间的负外部性。很多种类的能源都是短期内不可再生的，如在当前世界能源消费结构中占有很大比重的煤、原油、天然气、核能等资源，都是不可再生资源。截至 2020 年底，全球的煤炭储产比为 139 年，石油储产比为 53.5 年，天然气储产比

① 根据 Energy Institute Statistical Review of World Energy 2023 数据。

为48.8年；我国的煤炭储产比为37年，石油储产比为18.2年，天然气储产比为43.3年。[1] 从全球范围看，尽管可再生能源技术正在飞速发展，完全替代不可再生能源仍然需要较长时间。因此，在使用能源时要考虑到代际公平，有规划、有限度地利用。

（二）节能管理的现实必要性

理论上，由于能源消费具有外部性，因此需要政府对能源消费进行适度的管理。从我国的现实情况看，我国的能源价格形成机制改革还不到位，尚无法完全依靠市场机制来实现能源的优化配置和高效利用，政府进行节能管理有其必要性。

改革开放以来，我国煤、电、油、气等能源价格体系经历了市场化改革，打破自然垄断、鼓励市场竞争、提高资源配置效率和能源部门自身产出效率是改革的方向，但是由于不同能源部门在资源稀缺性、网络经济、范围经济、规模经济、利益主体等方面差异巨大，实际的市场化程度很不平衡。从价格机制来看，政府指令性价格或者指导性价格仍然是电力、天然气、成品油、动力煤价格调整的主要标杆，尽管政府的实际定价依据已经在逐步将更多的国际、国内市场供需因素纳入考虑范围，但是能源价格形成机制仍不尽合理。

合理的能源价格是指能源价格要体现能源的真实成本。如果价格不能反映成本，那么不是扭曲生产就是扭曲消费，不利于提高能源效率。此外，合理的能源价格还要体现能源消费带来的外部效应，以及能源消费的代际公平。只有当能源价格形成机制趋于合理，才能真正还原能源的商品属性，为市场化的节能体制机制构建奠定基础。

我国现行能源价格体系中有限的市场调节机制弱化了市场配置效率。

---

① 根据 Energy Institute Statistical Review of World Energy 2023 数据。

例如尽管油价建立了与国际原油价格关联的机制，但由于所挂钩的基准价格是国际原油，这种调节机制不能及时反映我国国内成品油需求的变动趋势。在电价方面，市场调节机制的缺位问题直接反映到了煤电比价关系上，当煤炭价格暴涨时，电力部门既缺少价格杠杆又必须确保供应，“煤电之争”就不可避免。同时，能源价格管制本身还意味着转移支付和交叉补贴的存在，造成了多重扭曲。

由于当前的能源价格体系无法起到对能源消费的有效调节作用，对能源消费的负外部性的补偿也较弱，导致能源消费主体自主节能的动力欠缺。这也是需要政府进行节能管理的重要原因。

二、节能管理制度

（一）对节能管理制度的界定

“制度”一词，是指政治、经济、文化、社会层面形成的体系，如经济制度、宗法制度等；或指要求大家共同遵守的办事规程或行动准则，如工作制度、财务制度等。

制度经济学是经济学的一个重要分支，制度学派[①]（institutional school）是经济学重要的流派，其观点和研究方法在经济学界产生了深远影响。从制度经济学的角度，柯武刚、史漫飞认为制度是由人制定的规则，它们抑制着人际交往中可能出现的任意行为和机会主义行为。制度为一个共同体所有，并总是依靠某种惩罚而得以贯彻。与之类似，诺斯认为，制度是一个社会的游戏规则，它们是为决定人们的相互关系而人为设定的一些制约。

---

① 制度学派是19世纪末20世纪初产生于美国的经济学流派，主要代表人物有凡勃伦等，认为影响社会经济生活的主要因素是制度、法律和伦理等，而不是市场；强调制度和结构分析，并将制度解释为人类本能与外部环境影响下形成的支配人们行动和思想的习惯；批判资本主义制度，但不触动其所有制，主张社会改良。第二次世界大战后，发展为新制度学派。

制度可以分为不同层次，有不同的类型。柯武刚、史漫飞认为制度可分为内在制度和外在制度两类：①内在制度是从经验中演化出来的制度。它体现着过去曾最有益于人类的各种解决办法，如习惯、伦理规范、良好礼貌和商业习俗等。②外在制度是由一个具有政治意志和社会强制权力的主体设计出来，是被自上而下地强加和执行的。一般这个主体是一批代理人，这些代理人通过一个政治过程获得权威。诺斯把制度分为正式约束和非正式约束两类：①非正式约束。非正式约束是人们在长期交往中无意识形成的，具有持久的生命力，并构成代代相传的文化的一部分。②正式约束[①]。正式约束是指人们有意识创造的一系列政策法则。包括政治规则、经济规则和契约，以及由这一系列规则构成的一种等级结构，从宪法到成文法，到特殊的细则，最后到个别契约，它们共同约束着人们的行为。

本章讨论的节能管理制度，是指由节能管理者制定的、对能源消费主体及其能源消费行为加以约束和指导，促进全社会节能和提高能效的规则体系。节能管理制度在一定时期内保持延续，具有相对稳定性；它涉及经济社会发展的各个方面，具有多元性和复杂性。

（二）政府进行节能管理的形式

政府进行节能管理主要有两种形式：一种形式是基于目标的自我管理和垂直管理，指政府通过设定目标、创建约束对自我或下级政府进行目标管理，例如政府设定节能降碳目标，或上级政府向下级政府下达节能目标任务；另一种形式是政府对市场参与者进行管理，在节能管理中，就是对能源消费主体进行管理，通过修正或控制相关主体的行为来达到节能目的。

---

① 正式约束也称正式规则，可作如下分类：一是界定两人在分工中的“责任”的规则。即为人们给出行为的目标。二是界定每个人可以干什么、不可以干什么的规则。三是关于惩罚的规则。四是“度量衡”规则，即确定交换的价值量。

1. 政府的目标管理

政府的目标管理是一种计划工作和控制的手段，也是一种评价工具。一般有如下流程：首先，为管理对象设定目标；其次，围绕目标进行指导，被管理者设计出工作计划；最后，管理者对被管理者的工作绩效做出评估。

在我国，政府的目标管理是一种行之有效的促进节能的手段，通过目标分解落实的方法来提升地方政府对节能工作的重视，促使各地区能够在发展经济的同时也注重能源资源的节约高效利用。

2. 政府对具体领域的规制

政府对经济性行为的管理也称为“规制”，对应的英文单词为 regulation，有的学者也称为“管制”。它是指由行政机构制定并执行的直接干预市场配置机制或间接改变企业和消费者供需决策的一般规则或特殊行为。

政府规制的合理性源于市场机制存在内在缺陷。古典经济学理论信奉市场的“无形之手”可以自发调节使资源配置达到最优。但是随着市场经济的发展，人们发现有些地方是市场力量无法达到的，即存在市场失灵。市场失灵可能会对整个社会的福利造成损害，要进行纠正。政府规制是有效的纠正市场失灵的方法。由于政府具有强制力，并伴有相应的征税权、处罚权等权力，政府具有干预市场、克服失灵的能力和方法。

政府在建立节能管理制度时，可以借助价格规制、进入规制、数量规制、质量规制等多种规制手段，对能源消费主体及其行为进行管理。例如，能效标准就是一种数量形式的规制，对用能产品的能效水平或一定时间内能源消耗水平进行规定。

三、我国节能管理制度变迁与各阶段特点

回顾不同历史时期，伴随我国能源工业发展阶段、能源供需关系等变

化，我国的节能管理理念和节能管理制度也在不断变迁。从改革开放初强调节能对保障能源供应的作用、强调对提高企业效益的作用，到21世纪以来强调节约资源的作用、强调对推动高质量发展和减少污染物排放的作用，再到2020年我国提出碳达峰碳中和目标后，更加强调节能对减少碳排放、应对气候变化的作用。节能工作的历史变迁轨迹，为更高水平做好节能工作提供了重要参考。

（一）改革开放前：能源工业逐步发展，能源供应紧张与利用效率低并存

新中国成立之初，我国能源生产基础十分薄弱。1949年我国一次能源生产量仅0.237亿吨标准煤，能源产品主要是煤炭和石油，能源消费以煤炭为主，占全部能源消费95%以上。经过艰苦奋斗，我国能源工业加快发展，到20世纪50年代末，能源生产能力明显增强，煤炭产量从1949年的0.237亿吨提高到1.3亿吨以上，原油产量由1949年的12万吨提高到近400万吨，石油加工能力由1949年的17万吨提高到近600万吨。

从新中国成立初期到改革开放前，我国能源供应一直很紧张，能源是制约经济发展的重要因素。到20世纪70年代，我国的能源供应是计划经济下的国家统一分配状态，工业生产用能源是采取年度订货会议方式，将有限的煤炭、石油分配给国营企业使用。我国人民80%以上是农村人口，许多农村地区没有电力供应，农村基本得不到生活用的商品能源供应；城镇地区除了部分有集中供热的房屋外，许多城市居民只能依靠有限的定量供应蜂窝煤或煤球做饭和取暖。

这一时期我国的能源发展战略是传统的“开源”战略思想。从实际发展看，由于对节能重视不够，这一时期我国的单位GDP能耗越来越高，能源浪费比较严重。单位GDP能耗在“一五”时期年均上升5.1%，在“二

五”时期年均上升 14.9%，在“三五”时期年均上升 0.8%，在“四五”时期年均上升 3.5%①。广义能源利用效率不断下降，重点工业部门的能源利用效率也较低，根据对 1978 年我国工业能耗的统计调查情况，我国生产钢、合成氨等产品能耗都是日本的 2 倍以上。能源粗放利用也引发了环境污染、能源运输紧张、石油资源过量开采、能源投资负担过重等一系列问题。

（二）20 世纪 80 年代到 90 年代初：开始进行节能管理、重点解决能源短缺问题

改革开放后，中国经济飞速发展，能源消费不断增加。原来由计划经济规定产量和用量的能源平衡方法逐渐失效，新的工业企业如雨后春笋般大量涌现，能源短缺问题变得十分严重。例如，在 20 世纪 80 年代到 90 年代，电力短缺严重，政府不得不对电力供应实行严格的配给制度，限定企业用电量，在多数地方不得不实行分区分时停电的政策。

在能源严重短缺的情况下，政府和企业对节能的重视程度逐步提升。改革开放后，一些工业企业在深入开展增产节约运动中，把加强能源管理、降低能源消耗作为重点问题来抓，“以节能求增产”是不少工业企业的口号，企业通过科学组织生产，合理开停设备，改造旧设备、旧工艺，推广节能新技术，余热综合利用等手段，推动能源节约。

1982 年党的十二大提出了“用能源消耗翻一番支撑国民经济翻了两番”的战略目标。1986 年国务院发布《节约能源管理暂行条例》，系统规范我国节能管理工作内容，对我国节能工作转为经常化、制度化、系统化起到了很大的促进作用。《节约能源管理暂行条例》共 10 章 60 条，分为总则、节能管理体系、节能管理基础工作、能源供应管理、工业用能管理、城乡生活用能管理、推进技术管理、奖惩、宣传教育和附则，从国家

① 徐寿波，王俊峰．改革开放前后中国能源发展战略比较［J］．中国经贸导刊，1999（13）：27-28.

对能源实行开发和节约并重的方针出发，为实现合理利用能源，降低能源消耗，从各个方面和环节制定了节能措施。

这一时期，节能政策总体上是以杜绝能源浪费、解决能源供需缺口为主要内涵。但由于《节约能源管理暂行条例》属于行政法规，对违反者的监督与处罚力度不足，节能工作中仍有很多问题没有得到根本解决。

（三）20 世纪 90 年代初期到 21 世纪初：从缓解能源紧张到重视用能的经济效益

20 世纪 90 年代初邓小平同志南方谈话后，明确了我国的经济要向社会主义市场经济过渡，再次推动了我国改革开放进程，也推动了我国能源工业飞速发展。在煤炭领域，1993 年开始逐步放开煤炭价格，出台一系列扶持政策，同时将煤炭企业推向市场；1998 年国家改革煤炭管理体制，实行政企分开，相继实施关井压产、减人提效和支持企业上市融资；我国自 1996 年起成为世界第一产煤大国。在油气领域，1981 年国家对石油工业实行 1 亿吨原油产量包干政策，极大地调动了石油企业的生产积极性，产量稳步提高；1998 年开始实施石油石化战略大重组，有效整合了资源，扩大了产业规模，优化了产业结构，提高了我国油气产业竞争力。在电力领域，电力供应短缺长期以来一直是制约我国国民经济发展的瓶颈，为了消除这一瓶颈，国家对电力行业进行了改革：鼓励联合办电、集资办电、支持地方办电、开展国际合作、利用外资办电等措施的实施，充分调动了全社会各方办电积极性，改变了长期以来由国家投资办电的格局。能源改革有效促进了能源工业发展，形成了依靠中央政府、地方政府和各行各业共同建设能源项目的新机制，缓解了能源供求紧张局面。

在节约能源方面，国务院能源主管部门研究起草了《中华人民共和国节约能源法》，于 1993 年公布草案广泛征求意见，并最终于 1997 年 11 月 1 日经八届人大常委会 28 次会议审议通过，自 1998 年 1 月 1 日起施行。

《中华人民共和国节约能源法》共6章50条，内容涉及节能管理、能源合理利用、促进节能技术进步和法律责任等。它将党和政府开展节能工作的一系列方针政策，用法律的形式固定下来，明确了今后节能工作的方针、原则，并确立了节能的一系列重要制度，包括规定了各级政府及有关部门在节能工作中应尽的职责义务，规定了用能单位和重点用能单位合理用能的权利、义务，规定了生产用能产品和设备的单位和个人在产品质量管理和推广、淘汰用能产品方面的权利和义务，建立了推进节能的重要制度，如禁止新建严重浪费能源的高耗能工程项目，对生产耗能较高的产品实行能耗限额制度，对落后的耗能过高的产品、设备实行限期淘汰制度，实行节能产品认证制度及重点用能单位管理制度等。《中华人民共和国节约能源法》的出台对政府、用能单位等各方权利和义务进行全面规范，为我国提出的可持续发展战略提供了保障。

与此同时，随着对外开放程度不断提高，我国更多向发达国家学习先进做法，特别是市场经济条件下的节能管理经验。从国外引进了能源综合资源规划（IRP）、电力需求侧管理（DSM）、合同能源管理（EMC）等节能新概念和新机制，为后来不断探索节能市场化机制奠定了基础。

在这一时期，节能不再仅仅是以缓解能源短缺为目的，同时也逐渐开始强调要用更少的能源创造更多的产出和效益，在节能理念上更加重视提高资源利用的经济效益。

（四）21世纪初到“十三五”末期：节能管理体系不断完善，支撑经济高质量发展和环境保护

进入21世纪，伴随我国正式加入世界贸易组织，也使我国能够深入参与国际分工体系，并迅速发展成为世界上最重要的贸易投资大国。我国的经济发展潜力得到激发，迎来了又一个高速发展时期。在经济高速发展的同时，资源投入量也迅速上升，能源消耗加快，能源保供压力巨大，同

时，环境压力逐渐增大，污染问题日渐严重。

在此背景下，党中央、国务院提出，要坚持资源开发与节约并重，把节约放在首位的方针，紧紧围绕实现经济增长方式的根本性转变，以提高资源利用效率为核心，以节能、节水、节材、节地、资源综合利用和发展循环经济为重点，加快结构调整，推进技术进步，加强法制建设，完善政策措施，强化节约意识，尽快建立健全促进节约型社会建设的体制和机制，逐步形成节约型的增长方式和消费模式，以资源的高效和循环利用，促进经济社会可持续发展。

这一时期，为适应推动节能工作的需要，对《中华人民共和国节约能源法》进行了修订。《中华人民共和国节约能源法》是1998年开始实行的，对于推进全社会节约能源、保护环境发挥了重要作用。随着我国经济发展与资源环境的矛盾日趋尖锐，高耗能、高污染行业增长较快，节能工作形势严峻，压力很大，迫切需要加大对节能工作的推动力度。由全国人大财政经济委员会以及国家发展改革委、原国务院法制办等部门和有关专家组成的《中华人民共和国节约能源法（修订草案）》起草组于2006年3月成立。经过一年多，《中华人民共和国节约能源法》由中华人民共和国第十届全国人民代表大会常务委员会第三十次会议于2007年10月28日修订通过，自2008年4月1日起施行。此次《中华人民共和国节约能源法》进行了较大程度的修改，修改的主要内容包括扩大调整范围，增设建筑节能、交通运输节能的内容，健全节能标准体系和监管制度，加大政策激励力度，明确节能管理和监督主体，强化法律责任等方面。

自“十一五”时期开始，我国的节能管理制度更加体系化，党中央、国务院高度重视节能工作，把节能减排作为调整经济结构、转变发展方式、应对气候变化、推动科学发展的重要抓手，提出“十一五”单位GDP能耗降低20%左右的约束性指标。国务院成立节能减排工作领导小组，发布节能减排综合性工作方案，做出关于加强节能工作的决定，采取强化目标责任、调整产业结构、实施重点工程、推动技术进步、强化政策激励、加强监督管理、开展全民行动等一系列强有力的政策措施。

“十一五”时期建立起的节能管理制度框架在“十二五”“十三五”时期得到不断完善。特别是党的十八大以来，面对能源供需格局新变化、国际能源发展新趋势，以习近平同志为核心的党中央提出了“四个革命、一个合作”能源安全新战略，为新时代能源高质量发展指明了方向。能源安全新战略将能源消费革命放在首位，凸显了能源消费革命在“四个革命、一个合作”中的重要地位，也加快了我国能源绿色低碳转型步伐，能效水平稳步提升。

“十一五”到“十三五”时期，是我国节能管理框架更加立体、体系更加完善的时期。这一时期，我国的节能工作更加注重对经济高质量发展和生态环境保护的支撑作用。

（五）2020 年宣布碳中和愿景以来：节能的侧重点是推动实现碳达峰碳中和

2020 年 9 月 22 日，国家主席习近平在第七十五届联合国大会一般性辩论上郑重宣示，中国将提高国家自主贡献力度，采取更加有力的政策和措施，二氧化碳排放力争于 2030 年前达到峰值，努力争取 2060 年前实现碳中和。

2021 年 9 月发布的《中共中央　国务院关于完整准确全面贯彻新发展理念做好碳达峰碳中和工作的意见》把节约优先作为五个基本原则之一，强调“把节约能源资源放在首位，实行全面节约战略，持续降低单位产出能源资源消耗和碳排放，提高投入产出效率，倡导简约适度、绿色低碳生活方式，从源头和入口形成有效的碳排放控制阀门”。

2021 年 9 月，国家发展改革委印发了《完善能源消费强度和总量双控制度方案》，提出要合理确定各省（自治区、直辖市）能耗强度降低和能源消费总量目标。2022 年 1 月，国务院印发了《“十四五”节能减排综合工作方案》，强调要优化完善能耗双控制度，强化能耗强度降低约束性指标管理，有效增强能源消费总量管理弹性，加强能耗双控政策与碳达峰、碳中和目标任务的衔接。

2022 年 10 月，党的二十大报告指出，实现碳达峰碳中和是一场广泛而深刻的经济社会系统性变革，要“立足我国能源资源禀赋，坚持先立后破，有计划分步骤实施碳达峰行动”，“完善能源消耗总量和强度调控，重点控制化石能源消费，逐步转向碳排放总量和强度双控制度”。

2023 年 7 月，中央全面深化改革委员会第二次会议审议通过了《关于推动能耗双控逐步转向碳排放双控的意见》。会议指出，从能耗双控逐步转向碳排放双控，要坚持先立后破，完善能耗双控制度，优化完善调控方式，加强碳排放双控基础能力建设，健全碳排放双控各项配套制度，为建立和实施碳排放双控制度积极创造条件。

这一时期，“双碳”目标的提出引领我国生态文明建设进入以降碳为重点战略方向的新阶段，节能提高能效是实现碳达峰碳中和的重要任务，节能工作的侧重点是推动实现碳达峰碳中和。

四、主要结论

我国当前形成的节能管理制度，是行政和市场共同发挥作用的多层次、立体式的节能管理体系。从管理对象和方式看，主要包括政府的自我管理和垂直管理、对重点用能单位进行节能管理、对行业部门以及终端用能产品进行节能管理等方面。

（1）政府的自我管理和垂直管理。规划计划是政府进行引导的重要信号，我国政府通常会设定一段时期内的节能目标，通过目标引导促进各项节能工作形成合力。我国也建立起了相应的节能目标责任制度和节能考核评价制度，为多方位推动节能工作奠定了基础。

（2）对重点用能单位进行节能管理。重点用能单位的能耗占全国能耗的60%以上。“十一五”时期我国开展了千家企业节能行动，“十二五”时期开展了万家企业节能低碳行动，“十三五”时期开展了重点用能单位“百千万”行动，通过属地管理和分级管理相结合的形式，对重点用能单位进行节能目标管理。

（3）对行业部门以及终端用能产品进行节能管理。对行业部门的管理主要是通过对工业、建筑、交通运输、公共机构等重点用能领域提出目标和措施，引导部门、行业抓好节能、提高能效水平。终端用能产品的节能管理制度主要包括落后高耗能产品、设备和生产工艺淘汰制度，能效标识管理制度，等等。

第八章　我国节能市场化机制探索
——以用能权交易为例

我国政府在节能管理中，既重视完善管理体制，发挥政策指挥棒作用，也注重强化市场机制，激发节能内生动力。推动能源价格改革，开展用能权有偿使用和交易制度（以下简称“用能权交易制度”），推广节能综合服务等，都是节能领域为更好发挥市场作用而设计的一系列机制。其中，用能权交易制度作为我国特有的节能市场化机制，具有代表性和独特性。本章以用能权交易制度为例，对该项制度的背景、实践经验、模式特点等进行梳理和分析，从一个侧面来反映我国对节能市场化机制不断探索的过程。

一、开展用能权交易的背景和意义

（一）用能权交易理论溯源

解决资源环境类的外部性问题，有两种典型的思路。第一种思路是征税，最早由庇古（Pigou）在20世纪20年代提出。庇古认为要解决污染的外部性问题，可以采取征收环境税或补贴的方法来内化外部成本。因此，对环境污染征税也称庇古税。这种思路依据的理论是政府通过征税或者补贴来矫正经济当事人的私人成本，只要政府采取措施使得私人成本和私人利益与相应的社会成本和社会利益相等，则资源配置就可以达到帕累托最优状态。庇古税的思想在环境保护、资源节约、资源综合利用等领域得到了广泛应用。

第二种思路是科斯（Coase）在20世纪60年代提出的，即通过产权界定的方式来处理外部性问题。其主要理论可概括为：只要产权是明确的，并且交易成本为零或者很小，那么无论在开始时将产权赋予谁，市场均衡的最终结果都是有效率的，可实现资源配置的帕累托最优。该理论后经戴尔斯（Dales）、克罗克（Crocker）、鲍莫尔（Baumol）和奥茨（Oates）等进一步发展，被引入污染控制领域，排污权交易的理论雏形形成，排污权交易的实践也随之展开。

20世纪70年代，美国开始进行排污权交易的实践，而后德国、英国、澳大利亚等国家也开展了排污权交易的实践。采用排污权交易解决污染问题有三方面好处：第一，可以使治理成本最小化。实施排污权交易，能够通过市场力量来寻求污染物治理的边际费用，从而将整体成本降至最小，具有明显的经济效益。第二，提高企业生产和治理的技术水平。排污权交易会激励企业使用更先进的生产技术和环保技术减少排污，只要其污染治理成本低于排污价格，企业就有利可图，这调动了企业减少排污并进行技术创新的主动性和积极性。第三，加快环境质量的改善，促进经济发展。实施排污权交易，可以使企业更好兼顾经济与环境效益，而政府也可以通过调控，加快环境质量改善，促进经济社会的可持续发展。

用能权交易制度与排污权交易、碳排放权交易等都属于资源环境权益交易，在制度设计上有相似性。排污权交易、碳排放权交易等制度在国内外有相关实践，而用能权交易制度在他国并无先例，是我国特有的一项制度探索。

（二）“权”的内涵辨析

对于“权”的概念，可参考《现代汉语词典（第6版）》，“权”字有7种解释，分别是：①秤锤。②权衡。③权力。④权利。⑤权变；权宜。⑥权且；姑且。⑦姓。在“权”字的众多解释中，用能权交易制度中的“权”宜取“权利”之意。根据《现代汉语词典（第6版）》，“权利”可解释为：公民或法人依法行使的权力和享受的利益（跟“义务”相对）。可以看出，“权利”一词多数情况下是作为法律用语出现的。

1980年上海图书出版社出版的《法学词典》中对“权利”一词的释义是：“法律赋予人们享有的某种权益，表现为享有权利的人有权做出一定的行为和要求他人做出相应的行为（义务）。”张文显在其著作《法学基本范畴研究》中认为，具有代表性的权利学说有资格说、主张说、自由说、利益说、法力说、可能说、规范说、选择说等八种。由此可见，权利的概念是具有复杂性的。

对于排放权和碳排放权，不论国内还是国外，都存在着多样化的看法，也存在着争论。例如，美国《清洁空气法》规定排污权交易时，使用的是“allowance allocation”“emission allocation and transfer program”等词语；1990年《清洁空气法》修正案规定了排放许可交易制度，并明确了所交易的许可并不是财产权利。但在国际上，《联合国气候变化框架公约》及《京都议定书》中所用的为“emission rights”，并被普遍接受。在我国，引入并使用“排污权”这一概念后，学者有用益物权、准物权、环境容量使用权等多种观点，比较有代表性的是环境容量使用权的观点。也有学者持反对意见，认为“排污权”将生态环境划归部分私人拥有和使用，与生态环境的整体性及其公益性相违背。之所以出现概念上的争论，张武军等（2010）认为，在法律性质上，排污权属于公法和私法的交叉领域，具有双重权利属性。学界对排污权的理论研究基本上明晰了排污权的性质，但是环境容量资源化挑战了民法的财产规则。

与排污权、碳排放权相似，对用能权的“权”也存在着理解上的多样化。本章讨论的基础是认为：用能权制度是为解决资源环境问题、更好实现节能管理而诞生的机制，用能权的“权”并不是通常意义所理解的“权利”，而是基于节能目标任务下的用能“许可”或“配额”。

（三）开展用能权交易的背景

从发展脉络看，用能权交易制度的提出与我国能源消费强度和总量双控制度是分不开的。从“十一五”时期到“十三五”时期，我国提出了能耗强度控制目标，并逐步过渡到能耗强度和总量双控。

在加快生态文明建设、贯彻落实生态文明体制改革，以及能耗双控政策背景下，用能权交易制度是改革的一项重要举措和有益探索。2015 年 9 月，中共中央、国务院印发的《生态文明体制改革总体方案》提出“推行用能权和碳排放权交易制度”；2016 年 3 月，“十三五”规划纲要提出“建立健全用能权、用水权、碳排放权初始分配制度，创新有偿使用、预算管理、投融资机制，培育和发展交易市场”。2016 年 7 月，国家发展改革委印发《国家发展改革委关于开展用能权有偿使用和交易试点工作的函》（发改环资〔2016〕1659 号），决定在浙江省、福建省、河南省、四川省开展用能权有偿使用和交易制度试点工作，并对试点内容进行了部署安排。

（四）开展用能权交易的意义

在“十二五”末期、“十三五”初期我国提出探索建立用能权交易，这对于节能工作具有积极意义。

用能权交易制度是在节能制度方面的创新探索。“节约优先”是我国能源战略的基本方针。我国能效水平提升，既满足了我国自身经济持续健康发展的需要，也对促进世界可持续发展发挥了重要作用。传统上，我国的能源治理方式计划色彩较强，在发挥市场作用和引导微观主体行为方面相对较弱，正经历治理方式转变的过程。在推动节能和能效提升领域也是如此，政府对节能的管理在经历转变。探索用能权交易制度是推动节能工作机制创新的有益尝试。

用能权交易制度能够以优化路径完成节能目标责任，提升地区发展质量。我国自“十一五”时期开始实行能源消费强度控制，建立了节能评价考核制度，省级地方政府要向国务院报告节能目标责任履行情况，“十三五”时期实行能源消费强度和总量双控。重点用能单位是我国能源消费的重要主体，其能源消费量约占全社会能源消费总量的2/3，是完成节能目标的重要抓手。对于地方政府来说，对重点用能单位进行目标责任管理面临用能单位数量多、经济波动会造成生产经营不确定性，以及用能单位目标缺乏灵活性机制等问题。试点开展用能权交易制度，能够通过类似“总量控制+交易”的模式，为重点用能单位实现节能目标提供灵活性选择，从而使地区能够以更具成本效益的方式完成节能目标。此外，开展用能权交易制度探索也有利于地方政府推动“腾笼换鸟”，结合本地经济转型和产业结构调整方向更好配置本地发展资源，提升地区经济发展质量。

用能权交易制度能够推动重点用能单位进行精细化管理，实现降本增效。我国在“十一五”和“十二五”时期，先后组织开展了千家企业节能行动和万家企业节能低碳行动，“十三五”时期开展了重点用能单位“百千万”行动。伴随重点用能单位节能工作长期广泛开展，用能单位自身的能源管理水平得到了提升，能源管理日益走向精细化。对于重点用能单位来说，节能提高能效本身就具有降低成本、提升效率的作用，而用能权交易制度会在一定程度上起到“放大器”作用，放大对节能成效突出的企业的激励，为企业不断提升能效带来更大动力。这会促进重点用能单位不断在信息化、智能化发展进程中整合提升，实现能源精益管理，更好实现企业自身的降本增效。

二、用能权交易的发展脉络与各地实践

（一）先期各地自发开展的实践

“十二五”时期开始，我国部分地区就开展了节能量交易或用能权交易，这可以视为用能权交易的先期探索。具有代表性的包括：2013 年 2 月，北京环境交易所进行了项目节能量交易，成交了三个节能项目的部分节能量。2013 年 11 月，山东省出台《山东省节能量交易管理暂行办法》，是全国首个地区节能量交易管理办法；此后，2015 年，江苏省和福建省相继出台了《江苏省项目节能量交易管理办法（试行）》和《福建省节能量交易规则（试行）》；同年，浙江省出台《关于推进我省用能权有偿使用和交易试点工作的指导意见》并进行了用能权交易实践。

节能量交易及用能权交易的先期实践，为国家部署开展用能权有偿使用和交易试点工作提供了宝贵经验。特别是山东、江苏、福建、浙江等地“十二五”时期开展的节能量交易、用能权交易，在一定程度上成为其后用能权交易制度的雏形。

“十二五”时期地方开展的节能量交易、用能权交易具有以下特点：

（1）从名称和内容上看，山东、江苏、福建三省提出开展节能量交易，浙江省提出开展用能权交易，在用能权具体内容上，各地存在差异。《山东省节能量交易管理暂行办法》中“节能量”可分为两类：一是目标节能量，主要指与政府签订节能目标责任书的用能单位在规定时限内完成的节能量，以及基于能源消费总量的节能量。二是项目节能量，即节能服务公司或用能单位通过实施节能技术改造，提高能源利用效率而形成的节能量。《江苏省项目节能量交易管理办法（试行）》中所指的“节能量”也分两类，包括项目节能量以及淘汰生产装置的能耗削减量。《福建省节能量交易规则（试行）》中所指的“节能量”是在设定行业标杆值后经计算得出的节能量，优于标杆值产生的节能量可与劣于标杆值多消费的能

源量交易。浙江省出台的《关于推进我省用能权有偿使用和交易试点工作的指导意见》中所指的“用能权”是通过区分既有项目和新增用能来分别确定，依情况提出了具体适用方法。

（2）从规制对象与交易主体来看，对于受规制的对象，浙江省规定将年耗能3000吨标准煤以上的重点用能单位纳入用能权有偿使用和交易体系；山东省纳入的主体为省内的重点用能单位；江苏省的节能量交易规定用能单位新建、改建或扩建固定资产投资项目新增能耗可进行节能量交易；福建省的规制对象是所选定行业年耗能量5000吨标准煤及以上的重点用能单位。对于可参与市场交易的主体，浙江省规定的交易主体与规制对象相同，没有引入其他交易者；山东省规定除规制对象外，项目节能量的提供者可参与交易；江苏省的规定中，规制对象需要与节能量的提供者进行交易，包括各类企业、节能服务公司、银行、投资公司等机构组织和符合条件的个人；福建省的规则下交易参与者仅限于规制对象。

（3）从权（配额）的初始分配、价格形成等交易制度核心环节设计来看，浙江省初始用能权分配主要基于历史法，并根据亩产综合效益评价打分进行调整，按存量部分免费获得、新增用能有偿申购的方式进行；其他地区制度设计不涉及初始分配问题，而是以实际发生量为基础考虑如何核定。在交易价格形成方面，浙江省提出用能权交易初期的交易价格按照政府设定的交易指导价进行，逐步过渡到市场定价；其他地区在制度探索期基本上也遵循政府指导与市场形成价格相结合的形式来进行交易。

对比分析浙江、山东、江苏、福建四省制度设计可以看出，“十二五”时期各省结合自身实际设计了节能量交易、用能权交易制度（见表8-1）。从特点来看，四省形成了有所区别的模式：浙江模式侧重于“总量调控型用能权交易”，山东模式侧重于“重点用能单位节能量+项目节能量交易”，江苏模式侧重于“项目节能量+产能置换节能量交易”，福建模式侧重于“基于能效标杆的节能量交易”。可以看出，“十二五”时期的地方实践是以“节能量交易”或“用能权交易”作为名称开展，在模式上有一定差别，但在实际内容上是有很多共通之处的，这些实践为“十三五”时期开展用能权交易试点提供了经验。

表 8-1 不同地区节能量及用能权交易制度对比

	浙江	山东	江苏	福建
交易名称	用能权交易	节能量交易	节能量交易	节能量交易
交易类型	总量调控型用能权交易	重点用能单位节能量+项目节能量交易	项目节能量+产能置换节能量交易	基于能效标杆的节能量交易
省发指导文件名称	《关于推进我省用能权有偿使用和交易试点工作的指导意见》	《山东省节能量交易管理暂行办法》	《江苏省项目节能量交易管理办法（试行）》	《福建省节能量交易规则（试行）》
发文时间	2015 年 5 月	2013 年 11 月	2015 年 3 月	2015 年 8 月
交易标的物界定	年度能源消费总量指标	①重点用能单位节能量 ②项目节能量	①节能改造项目节能量 ②淘汰生产装置的能耗削减量	（未明确界定）
规制对象	年耗能 3000 吨标准煤以上的重点用能单位	重点用能单位	新进入企业/新上项目	部分行业年耗能量 5000 吨标准煤及以上的重点用能单位
可参与市场交易的主体	仅规制对象	规制对象+其他交易主体（节能服务公司、用能单位以及银行、投资公司等机构）	规制对象+其他交易主体（企业、节能服务公司、银行、投资公司等机构组织和符合条件的个人）	仅规制对象
交易形式	自愿 初期交易价格按照政府设定交易指导价进行，逐步过渡到市场定价	自愿	自愿 需要符合能耗增量控制和能耗等量或减量置换的有关规定要求	强制
直接动力	能源消费总量控制目标	重点用能单位节能量目标	能源消费总量控制目标	促进企业提升能效

资料来源：作者绘制。

（二）用能权交易试点地区开展的实践

2016 年 7 月，国家发展改革委印发《国家发展改革委关于开展用能权有偿使用和交易试点工作的函》，浙江省、福建省、河南省、四川省作为试点开展了新一阶段对用能权交易制度的探索与实践。

1. 浙江省

浙江省在“十二五”期间出台了《关于推进我省用能权有偿使用和交易试点工作的指导意见》，在部分市县开始试点建立用能权有偿使用和交易制度。到“十三五”时期，浙江省又在前期工作基础上对用能权交易制度深化探索。2018 年 8 月，浙江省政府办公厅印发《浙江省用能权有偿使用和交易试点工作实施方案》，明确了试点范围、交易主体、交易标的、定价机制、交易平台、交易履约等内容。2019 年，浙江省发展改革委印发《浙江省用能权有偿使用和交易管理暂行办法》《浙江省用能权有偿使用和交易第三方审核机构管理暂行办法》等文件，规定了用能权交易制度监督管理细则内容。

浙江省用能权交易制度设计的显著特点是与资源要素市场化配置改革密切联系。“十二五”时期，浙江省为发挥市场配置资源的基础性作用，破除要素配置中的体制性障碍，提高要素配置效能和节约集约利用水平，开展了涉及土地、排污权、用能权等资源要素的市场化配置改革，并在“十三五”时期进行深化。浙江省用能权交易制度设计方案中，试点范围包括单位工业增加值能耗高于浙江省“十三五”时期控制目标的新增用能量、一定比例区域年新增用能指标、规模以上企业通过淘汰落后产能和压减过剩产能腾出的用能空间、企业通过节能技术改造产生的节能量；并计划逐步将用能存量和规模以下企业淘汰落后产能、压减过剩产能腾出的用能空间纳入交易范围。用能权交易的主体为各市、县（市、区）政府和有关企业，初期以企业与政府交易为主，市场成熟后交易主体为企业与企业、企业与政府。价格机制方面，初始价格采取定额出让、差别化定价方式，交易价格主要由主管部门确定并实行动态调整。从制度设计方式看，浙江省用能权交易制度侧重于从产能调控着手控制能源消费量，而这又是通过对新增部分进行调控、对存量部分进行优化实现的。

2. 福建省

福建省在"十二五"时期开展节能量交易探索的基础上，"十三五"时期开展用能权交易试点工作。2017 年 12 月，福建省人民政府印发《福建省用能权有偿使用和交易试点实施方案》，明确了试点范围、历史数据、用能指标、交易平台、交易程序、指标清缴等实施步骤；2020 年 1 月，福建省人民政府颁布了《福建省用能权交易管理暂行办法》，对福建省用能权交易活动做了全面规范。

福建省用能权交易制度试点范围先行将火力发电和水泥制造两个行业的用能单位纳入用能权交易试点，实现由节能量交易向用能权交易转变。交易主体以纳入用能权交易试点的用能单位及自愿参与用能权交易试点的用能单位为主。在指标分配上，区分既有产能和新增产能（项目），进行差异化管理。对于既有产能，依据用能单位历史能源消费量数据，采用基准法或历史法核定用能权指标；对于新增产能（项目），综合考虑固定资产投资项目节能审查意见核定用能权指标。指标先期以免费为主。从制度设计方式看，福建省用能权交易制度接近碳排放权交易的设计理念，是通过对年度配额总量进行调控来实现每个年度的能源消费总量控制的。

3. 河南省

2018 年 7 月，河南省人民政府办公厅印发《河南省用能权有偿使用和交易试点实施方案》，明确了河南省用能权交易的试点范围、交易品种、重点任务、保障措施等内容。2019 年 3 月，河南省人民政府办公厅印发《河南省用能权有偿使用和交易管理暂行办法》，对用能权配额管理、用能权交易及管理、报告、审核与清缴等做出了更为明确的规定。同年，河南省还印发了《河南省重点用能单位用能权配额分配办法（试行）》《河南省重点用能单位能源消费报告审核和核查规范指南（试行）》等支撑文件。

河南省优先选择具有一定代表性的城市开展用能权交易制度试点工作。优先纳入范围的包括有色、化工、钢铁、建材等重点行业年耗能5000吨标准煤以上的用能企业。交易主体包括重点用能单位、自愿参与履约单位。配额分配方面，区分既有产能和新增产能进行差异化管理。对既有产能，综合考虑不同行业及同一行业内不同用能单位的用能特点，采用基准法或历史法核定用能权配额；对新增产能，综合考虑固定资产投资项目节能审查意见核定其初始用能权配额。从制度设计方式看，河南省用能权交易制度也是通过对年度配额总量调控实现能源消费总量调控。

4. 四川省

2018年2月，四川省用能权有偿使用和交易试点工作领导小组办公室印发《四川省用能权有偿使用和交易试点实施方案》，2018年11月，四川省发展改革委印发《四川省用能权有偿使用和交易管理暂行办法》，对用能权指标分配、用能量核定等方面进行了规范。2019年3月，四川省发展改革委公布了第一批110家纳入用能权交易的重点用能单位名单，2020年2月，公布了第二批74家拟纳入企业名单。

四川省用能权制度设计中，前两批纳入范围的包括钢铁、水泥、造纸、白酒、建筑陶瓷、化工（仅合成氨）等行业的重点用能单位。交易主体为重点用能单位及符合用能权交易规则相关规定的其他用能单位、社会机构、组织。核心交易产品是用能权交易主管部门核定的用能权指标，用能权指标实行免费分配和有偿分配相结合的方式；非重点用能单位经核定备案的节能量可作为补充交易产品，起到抵消作用；并提出逐步探索可再生能源绿色电力证书等作为补充交易产品。从设计理念上，四川省的特点是考虑将节能量、绿色电力证书等作为抵消机制。

（三）试点地区用能权交易制度的主要特点

资源环境权益交易制度的一种典型模型是"总量控制下的交易"，总量是结合对资源总量或环境容量的考虑所确定的，交易可为纳入规制范围的微观主体创造灵活性，"总量控制+交易"本质上是将行政目标与市场机制结合。用能权制度的设计安排包括诸多环节，其中，范围界定、指标分配方法、交易和市场调节制度、履约制度等是制度设计理念的突出体现；而能源消费报告审核核查制度、监管制度、交易平台建设、组织实施、能力建设、宣传引导等也是制度建设中必不可少的。

从四省试点开展的用能权交易制度来看，方案差异性主要体现在关键环节设计上。如在范围界定中，有的省在全省范围内开展，有的省初期选择了在部分地区开展；责任主体选择上，各地区纳入范围的重点行业各有不同；对除责任主体外允许参与交易的主体也有各自规定。在指标分配上，试点省对既有部分和新增部分进行区分，但在具体分配方法以及是否有偿分配问题上各省规定有所不同；在交易和履约规则方面，对于价格形成、用能权（配额）存续期等也都有不同规定。

4个试点省的制度设计思路差异，主要源于所处发展阶段及现实情况。例如，浙江省经济发展面临资源要素紧张的突出问题，因此将用能权交易制度与资源要素市场化配置改革密切结合，通过分类引导机制，助推产业结构调整。福建省吸收本省前期节能量交易的工作基础，借鉴碳排放权交易经验，推动用能权交易工作开展和深化。河南省考虑到能源消费总量和强度双控以及煤炭消费总量控制的目标要求，突出将煤炭消费量作为重要的确权因素。四川省提出逐步探索可再生能源绿色电力证书等在用能权交易中的作用。进行适度差异化探索有助于结合各地情况发挥政策效能，在试点阶段具有积极意义。

“十三五”时期，经过4个试点地区的实践，用能权交易制度逐渐形成两种典型模式。第一种模式偏重对新上项目在前端进行调控，在此简称为“增量调控”模式，具有代表性的是浙江省在“十三五”时期开展的探索。第二种模式偏重对既有用能单位年度用能进行管理，在此简称为“存量调控”模式，福建省在“十三五”时期开展的探索属于这种模式（见表8-2）。

表8-2　典型用能权交易模式

模式	增量调控	存量调控
主要管理对象	新上项目/新增用能	存量重点用能单位
交易标的物	新上项目用能指标（获得指标后具有长期性）	企业用能配额（每年分配）
可参与交易的对象	政府拥有的指标；淘汰落后产能、压减过剩产能、企业节能技改等腾出的用能量	主要为重点用能单位间交易

资料来源：作者绘制。

“增量调控”模式主要针对新增用能进行管理，通过构建新增用能指标获取及交易制度来实现，其管理效果主要体现在对新上项目、新增用能的调控上，这种制度设计形式与排污权交易具有一定的相似性。“存量调控”模式主要针对既有重点用能单位进行管理，立足每个周期（一般是年度），采取“总量控制下的交易”形式，引导全体重点用能单位在生产管理、节能技改等方面不断提高，其管理效果主要体现在促进存量用能单位能效提升方面，在形式上与碳排放权交易具有一定的相似性。

三、用能权交易制度设计的关键环节和可选方案

对于节能主管部门来说，进行用能权制度设计可以按以下步骤进行：第一步，明确制度定位，即通过用能权制度实现什么样的目标，如果是多目标设计，其中的侧重点是什么，这是进行用能权制度设计的前提；第二步，分析用能权制度的功能模块，研究用能权制度设计中的关键要素，比如对象界定、配额分配、履约机制等应如何设计，有哪些可供选择的

选项，提出能够实现目标的设计方案，模拟分析制度运行的效果；第三步，考虑现实中的情景，如何以适当的保障措施来确保制度能够落地见效。

要实现第一步，主要需要对政府运用这一制度的目标进行分析。例如，梳理既有节能降碳政策、研究节能降碳形势，考虑用能权交易制度可以在哪些方面弥补现有政策不足，以及该如何与现有政策协调。要实现第二步，重点是结合制度要实现的目标、达到的效果，来分析用能权交易制度涉及的各利益相关方有哪些，可供选择的制度模式有哪些，在选定的模式中，每个关键环节该如何规定。要实现第三步，重点是要对组织领导和管理、交易系统和平台、履约、核查制度等做出具体安排，来确保实现有效的履约和监管。

用能权交易制度可以抽象成为多个功能模块的组合形式。作为核心的一些模块能够反映用能权制度的核心要素，关系到“游戏”的规则；作为辅助性的模块能够确保制度运行，关系到制度能够多大程度实现预期水平。核心模块包括交易标的、交易范围和主体、用能权确权（指标分配）方法、交易和价格形成的规则等。辅助模块包括设计和选择登记系统、交易平台、履约核查制度等。

（一）交易标的

确定标的物主要是要明确交易的是什么，确定纳入主体是要框定交易范围、明确谁来进行交易。两者相互联系，服务于制度设计的目标。法律上，标的物是指当事人双方权利义务指向的对象。在用能权制度设计中，交易标的物具体是指约定所指的交易商品，及最小划分单位是什么。确定用能权交易标的，主要的可选变量在两方面：第一，“权”的形式；第二，“用能”中“能”的形式。

1. “权”的形式

“权”的选择主要有两种：一是针对新上项目，将规定的年度用能限额作为用能权，起到能源消费预算化管理的作用，这种“权”（指标）的获得是一次性的，起到的作用是长期性的，即投产运行后项目每年的用能均不能够超过用能权所规定的数量。二是针对既有的存量重点用能单位，“权”实际上指的是纳入管控的重点用能单位年度用能配额，重点用能单位每年的用能量需要与其持有的配额相匹配，不足的需要通过市场购买补足，富余的可通过市场卖出获得收益，这里的“权”（配额）一般是按年度的，也需要按年完成清缴，即消耗掉与当年用能量等同的配额持有量（见表 8-3）。

表 8-3　“权”的可选形式和特点

权的形式	特点
新上项目年度用能限额（指标）	新上项目年度用能上限管控。“权”（指标）的获得是一次性的；“权”的作用是长期性的
重点用能单位年度用能配额	既有（存量）重点用能单位每年用能的额度。“权”（配额）的获得一般是按年度的，需要按年完成清缴
地区（政府）用能指标	“权”是在上级政府部门用能约束/预算下的一种分配。为在各地区间可调节而形成的交易

资料来源：作者绘制。

2. “能”的形式

在用能权交易制度中，确定了“权”的形式之后，还需要考虑“能”的形式，即管理的是什么类型的能源消费。一般有两种思路：一种思路是不区分能源品种，将综合能源消费量作为标的物，单位是吨标准煤，交易的最小划分单位是 1 吨标准煤。另一种思路是选取特定的能源品种进行控制，如化石能源或煤炭；这种选择的优点是具有针对性，体现出了对能源品种的区分（见表 8-4）。

表 8-4 “能”的可选形式和特点

能的形式	实现的目标
综合能源消费量	能源消费总量预算化管理，方便与经济社会发展目标中的单位 GDP 能耗指标联系
化石能源消费量	直接与控制化石能源消费量联系

资料来源：作者绘制。

党的二十大提出完善能源消耗总量和强度调控，重点控制化石能源消费，逐步转向碳排放总量和强度双控制度的要求，可再生能源、原料用能不纳入双控政策也出台并逐步落实。对“能”的具体形式进行选择，是与政策演进相联系的。

（二）交易范围和主体

1. 行业范围与门槛

行业范围与门槛主要指规定了哪些新上项目需获得用能权指标，并纳入用能权交易制度管理范围进行管理（见表 8-5）。一般可以考虑与重点用能单位管理制度衔接，例如，将年综合能源消费量 10000 吨标准煤及以上的用能单位纳入范围。

表 8-5 行业范围选择

行业范围	优点	缺点
优先部分行业	优先纳入重点控制行业，较为聚焦； 纳入单位数量少，便于管理	可相互交易的对象少，难以形成市场
全部重点用能单位（不做行业区分）	便于与重点用能单位管理制度衔接； 纳入单位多，更易形成市场交易； 覆盖范围大，节能降碳促进作用较大	纳入企业进行确权的工作量较大

资料来源：作者绘制。

2. 可参与交易主体

受管控的责任主体是交易的主体，例如，在用能权交易制度中，新上项目单位、既有可出售用能权指标的单位都天然是可参与交易的主体。此外，可根据具体情况考虑是否允许其他一些主体参与交易。如在相对更加成熟的碳市场中，符合条件的投资机构和个人也可以参与交易。

在用能权交易制度的建设初期，出于管理方便的考虑，建议将可参与交易主体范围限定为新上项目单位，及其他经过用能权确权的重点用能单位，存量重点用能单位通过产能削减或节能改造形成的可核证的节能量，可参与市场的用能权指标交易（见图 8-1）。

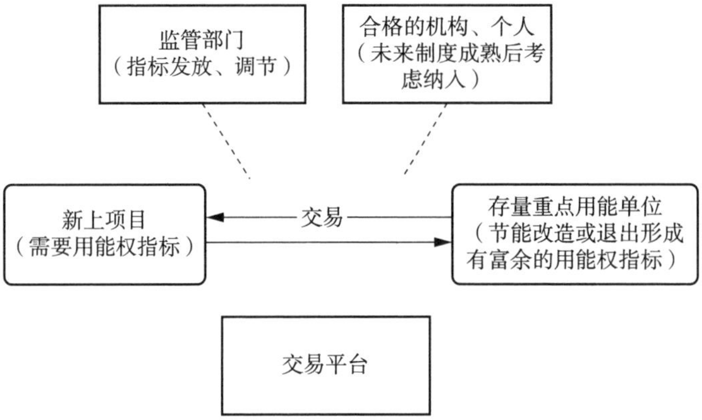

图 8-1 参与用能权交易主体

图片来源：作者绘制。

（三）用能权确权方法

对于“增量”模式的用能权交易，既有重点用能单位需要进行用能权确权，新上项目需要进行用能权指标分配。在规则制定上需要明确新上项目能获得多少用能指标，以及从何处获得、付费还是免费获得。

对于新上项目，指标的获取有两种来源，一是从主管部门获得，二是从其他主体购买而来，购买的来源可以是既有项目产能退出形成的指标或者非重点用能单位经认证的节能量。既有项目可考虑按照过去 5 年年均综合能源消费量进行确权，发放用能权指标。同时，可以考虑对于能效水平先进的项目发放免费的用能权指标。例如，每年由节能主管部门拿出一定数量的用能权指标，按照拟上项目单位产品能耗的先进性，优先分配给水平先进的企业。

（四）价格形成和规范机制

在初始阶段的制度设计中，用能权交易主要是新上项目为购买所需指标与形成节能量、拥有用能权指标的既有企业的交易。交易价格由主管部门参照全社会节能降碳成本确定。用能权的需求方可通过交易平台与任意指标供给方进行交易，交易的最小单位设定为1吨标准煤。

当制度稳定运行后，可考虑将“增量”用能权交易模式与存量配额模式结合，通过对既有重点用能单位（新上项目在稳定运行后也成为重点用能单位）逐年缩减分配用能权指标，来促进企业节能。在逐步改进的用能权交易制度中，交易会增多，价格不再是政府定价的模式，可以由市场形成价格，政府可以通过设置上下限等方式来对价格进行规范。

（五）登记系统和交易平台

1. 登记系统

用能权注册登记系统是指为各类市场主体提供用能权指标确权登记、结算和注销服务，实现分配、清缴及履约等业务管理的电子系统。注册登记系统使用用户包括各级主管部门、管理机构以及重点用能单位等市场参与主体。

注册登记系统可为市场参与主体提供登记账户、资金结算账户及交易账户的开立功能，并提供开户信息变更、账户注销等账户管理，用能权资产查询、管理，资金管理和使用等功能。

注册登记系统可为主管部门提供用户管理、用能权指标管理等功能。包括可以创建年度指标，进行指标发放、拍卖等管理工作，以及资金收缴退还、冻结解冻、指标清缴、指标注销、信息查询等功能。

2. 交易平台

从4个试点省的经验来看，交易平台的建设主要是依托原有公共资源交易平台来搭建用能权交易平台。例如，福建省依托海峡股权交易中心建立用能权交易信息管理与报告在线平台，以及用能权交易注册登记系统、用能权交易系统；河南省依托中原股权交易中心建立用能权交易系统、用能权指标注册登记系统、重点用能单位能耗在线监测系统。

（六）履约、核查制度

履约核查机制为用能权交易提供外在约束，要求责任主体按照规定获取用能权指标作为新上项目的前置条件。对于不履行责任、失信的企业，应采取惩罚手段。主要的处罚形式是经济处罚，对违约主体进行罚款，也可以联系信用制度，对有违约行为的主体向工商、税务、金融等部门通报有关情况。

四、关于新形势下用能权交易制度适用性的思考

“十三五”以来，四个试点地区以及一些非试点地区通过采用用能权交易制度，在优化地区节能管理上取得了一定成效。用能权交易制度是应能耗双控管理需要而产生的，随着能耗双控制度的优化，用能权交易制度的方向也需要相应调整。党的二十大提出，完善能源消耗总量和强度调控，重点控制化石能源消费，逐步转向碳排放总量和强度双控制度。在推动能耗双控逐步转向碳排放双控的过程中，需要考虑是否还需要用能权交易制度、应选择何种模式的用能权交易制度、用能权制度与其他节能制度及碳交易制度的关系等问题。

（一）新要求下用能权交易制度的适用性

在能耗双控逐步转向碳排放双控的新要求下，用能权交易制度存在的必要性主要体现在以下三个方面：

第一，节能具有长期重要性。节约资源是我国的基本国策，能源资源节约与利用效率的提高对培育高质量发展新动能、保障现代化能源增长需求、促进实现碳达峰碳中和目标具有重要意义。我国要整体迈入现代化社会，必须彻底改变大量生产、大量消耗、大量排放的粗放发展模式，降低单位产出能源资源消耗，节能提高能效是最直接、最有效、最经济的降碳手段。国际上也认为能效提升对实现碳中和具有持续的重要意义。联合国2030年可持续发展目标中，将能效提升作为能源发展的核心目标之一，反映出全球长期重视能效提升的共识。2021年，国际能源署发布了《全球能源部门2050年净零排放路线图》，也指出要实现全球净零排放的目标，节能提高能效不可忽视，2030年以前全球能耗强度年均下降率要力争达到4%。

第二，用能权交易制度有利于地方政府加强节能管理。做好节能管理有助于协调好经济发展和能源需求增长的关系。当前，地方政府还没有对增量项目实施清单管理、分类处置、动态监控，对存量项目的节能改造力度不足，缺乏对落后工业生产能力、低效落后重点用能设备和产品的淘汰计划和措施，高耗能行业增产成为部分地区完成能耗强度下降目标的最大挑战，地方政府对重点项目的管理和统筹亟待加强。用能权交易制度具有能够将“行政目标与市场手段相结合”的特点，可作为地区节能管理的备选政策工具，有利于地方政府加强节能管理、取得节能效果。

第三，短期内其他制度难以对用能权交易制度形成完全替代。以碳排放权交易为例，用能权覆盖的地区、项目、企业难以由碳市场完全覆盖。

全国碳市场目前覆盖发电行业，未来将逐步纳入钢铁、石化、建材等行业，预计完成八大行业覆盖后，控排企业数量将达 8000~10000 家，主要覆盖全国重点行业领域碳排放量大的企业，该数量约相当于“十二五”万家企业节能低碳行动所统计的重点用能单位数量的一半，这意味着仍有相当数量能耗、碳排放较大的企业无法被全国碳市场覆盖。而在地方碳市场方面，能够覆盖的为 8 个省市试点地区，仍有 20 多个省级地区未被覆盖。此外，碳市场主要针对存量企业进行管理，对一些地区新上项目产生的新增用能、新增排放的管理存在滞后性。用能权交易制度的“增量调控”模式可以形成管理上的补充。其他绿色要素交易制度，如排污权交易、绿电绿证交易等，同样难以替代用能权交易制度的作用。

（二）选择何种模式的用能权交易制度

“增量调控”模式的主要管理对象是新上项目，通过对项目源头把关，结合用能预算管理，帮助省级、市级地区实现对本地能耗的统筹。“增量调控”模式可以与固定资产投资项目节能审查相结合，不需要进行复杂的指标分配，操作实施相对简单。该模式的不足是，交易多发生在企业与政府之间，通过节能技改取得节能量的企业交易意愿低。

“存量调控”模式的主要管理对象是存量重点用能单位，通过年度分配用能配额、履约的方式，促进纳入管理范围的重点行业企业采取各种方式提升能效。企业可以根据自身能力特点选择具有成本效益的节能方式，用能权交易制度为企业采取技术节能、管理节能赋予驱动力。但“存量调控”模式的配额分配较为复杂，行政成本较高，实施难度比“增量调控”模式更大（见表 8-6）。

表 8-6 两种用能权交易模式特点和适用性对比

模式	增量调控	存量调控
主要管理对象	新上项目/新增用能	存量重点用能单位
对促进地区能耗强度下降的作用	对项目进行源头把关，能够较好与地方用能预算相联系	对存量企业用能进行优化，能够促进重点行业企业提升能效
实施难易度	较容易。用能权指标确定可以与固定资产投资项目节能审查相结合	较难。配额分配难度高、工作量大

资料来源：作者绘制。

从根本上说，选取何种模式是与拟采用该制度的地区现状特点、要实现的目标、解决的问题相联系的。用能权交易制度作为一种政策工具是为具体的政策目标所服务的。当前，大多数省级、市级地区面临的问题是新上项目安排与地区节能降碳统筹协调不够，地区能耗强度偏高、下降较慢或不降反升。因此，对于大多数省、市、地区，采取"增量调控"模式对解决现阶段问题更具针对性，可以通过用能权交易制度实现对项目源头把关，对本地能源资源、环境容量等要素实现优化配置。同时，对于部分发展到一定阶段的省、市、地区，新增高耗能项目不多，采用"存量调控"模式比采用"增量调控"模式更有效果。

（三）用能权交易制度与相关制度衔接协调

其一，用能权交易制度可以起到"黏合剂"作用，与其他节能制度形成合力。节能管理领域经过长期实践，形成了多层次的制度体系。随着节能形势的变化，节能管理也在不断优化完善，并进行新探索新尝试。用能权交易制度参与主体包括政府、企业、第三方服务机构等，具有参与主体广泛的特点；用能权交易制度是基于节能目标进行指标分配及交易，具有能够将行政目标与市场手段有机结合的特点。因为具有这些特点，用能权交易制度适宜与其他节能管理制度相结合。例如，"增量调控"模式的用能权交易制度能够支撑用能预算管理制度的落实，结合对项目原料用能、可再生能源消费的扣除，也可以满足能耗双控向碳双控转变过程中的管理需求。

其二，用能权交易制度能够与碳排放权交易等制度有所区分并相互协调，以提升节能降碳政策的治理效能。一是在覆盖面上，用能权交易制度与碳排放权交易制度能够形成互补。全国性的重点用能单位、重点碳排放单位未来大部分将逐步纳入全国碳市场；地方的新上项目、既有重点用能单位可通过用能权交易制度管理；两项制度的协调体现在对需要管理的用能和碳排放实现更为有效的覆盖。二是在基础工作层面，用能权交易制度与碳排放权交易、绿电绿证交易等制度在数据计量、核算、核查以及监管等方面具有统一性，通过管理体制机制的调整，制度间可以实现数据、信息共享，并进行联合监管，以实现管理上的统筹协调，提升治理效能。

（四）对深化用能权交易制度的思考

一是深化用能权交易制度应抓住能耗强度下降这一关键，推动实现绿色发展目标。能源利用效率是衡量一个国家和地区发展质量效益的重要指标。深化用能权交易制度，应在制度设计中将新上项目、用能单位的能源利用效率与地区能耗强度、碳排放强度目标有机结合，引导用能主体提高能源利用效率，从而促进地区能耗强度下降，实现单位能耗、单位碳排放的产出效率的提升。

二是各地区应结合自身需要选择适用的用能权交易制度模式。我国不同省份发展阶段、资源要素禀赋、工业化水平等存在差异性，新上项目或既有重点用能单位所属行业差别也很大。有的省份以传统重工业为主，有的省份新兴产业能耗在增量中占比大，有的省份新增能耗多为建筑、交通运输领域能耗增长所做的贡献，不同地区既有用能和新增用能的重点不同。应给予省级地区制度选择上的灵活性，允许各地根据本地特点和节能管理需要，选择适用的用能权交易模式。

三是增强政策间的衔接协调，提升政策效能。做好用能权交易制度与省、市、地区的产业发展政策、地区用能预算管理衔接，引导能源资源要素向高质量项目、企业、产业流动。采用“增量调控”模式时，新上项目用能权指标分配可将项目节能审查意见作为重要依据。采用“存量调控”模式时，可参考行业能效标杆进行配额分配。合理确定用能权交易制度覆盖范围，与碳排放权交易形成区分和互补。推动用能权交易制度与碳排放权交易、绿电绿证交易等制度实现数据、信息共享；根据部门管理职能分工，推动形成部门间的联合监管机制，以提升政策的实施效能。

第九章　新形势下的能效提升与节能管理

长期以来，节能提高能效取得显著成绩，推动了资源节约、环境友好的生产方式和消费模式的形成。节能是一项复杂的系统工程，面向未来，我国需要不断完善节能管理体系、提升节能管理能力，在新形势下更高水平、更高质量推进节能工作。

一、经济社会发展进入新阶段，节能提高能效面临新形势

（一）中国式现代化迈向高质量发展新阶段

国际国内形势发生新变化，特别是中国式现代化迈向高质量发展新阶段，对我国能源发展以及能源消费量变化、能耗强度变化等都产生了新的影响。从全球来看，世界百年未有之大变局加速演进，全球性问题加剧，我国既面临战略机遇，也面临风险挑战，不确定难预料因素增多。从我国自身发展来看，2023 年，我国人均国民总收入达到 13400 美元，我国已经由新中国成立初的低收入国家跃升为中等偏上收入国家[①]，当前和今后一个时期是以中国式现代化全面推进强国建设、民族复兴伟业的关键时期。在此背景下，一方面，迈向高质量发展新阶段，对高水平开放、高水平安全提出了更高要求，对能源体系清洁、低碳、安全、高效的要求也越来越高；另一方面，科学技术对推动经济社会发展、国家竞争力的作用越发凸

---

① 根据世界银行数据和划分标准，https：//www. stats. gov. cn/sj/sjjd/202409/t20240909_1956313. html。

显，颠覆性技术和前沿技术正在催生新产业、新模式、新动能，新产业带来新增能源需求，节能降碳等绿色技术、绿色产业本身发展空间也更加广阔，能效管理面临新要求、走向新阶段。

（二）能源转型加速推进，新型能源体系加快建设

我国能源转型飞速发展、新型能源体系加快建设，既为产业变革带来了创新动能，也为节能提高能效打开了全新局面。党的十八大以来，以习近平同志为核心的党中央创造性提出“四个革命、一个合作”能源安全新战略，为新时代中国能源高质量发展提供了根本遵循。能源生产消费方式发生重大变革，生产从以煤炭为主向多元化、清洁化转变，发展动力由传统能源加速向新能源转变，天然气、水电、核电、新能源（风电、太阳能及其他能源）等清洁能源加速发展，占比不断提升。党的二十大报告提出加快规划建设新型能源体系的重大战略决策，能源体系不断向着结构更“绿”、韧性更“强”的方向发展。推动能源转型、建设新型能源体系，需要在能源生产和消费两端同时发力，一方面，要大力发展可再生能源，提高其在能源消费中的比重；另一方面，要推动能源高效利用、清洁利用，减少碳排放。在此背景下，能源供需之间耦合程度加深，对节能的要求也必然会发生新变化；能源供需关系的改变、能源体系的深刻变革，将对能效变化产生不可忽视的影响。

（三）碳达峰碳中和目标引领生态文明建设重点方向

随着我国“双碳”目标的提出，生态文明建设进入以降碳为重点战略方向的新阶段，推动实现碳达峰碳中和成为节能工作的侧重点。自 2020 年 9 月我国作出碳达峰碳中和重大宣示以来，节能降碳增效全面推进。2021 年 3 月发布的《中华人民共和国国民经济和社会发展第十四个五年规划和 2035 年远景目标纲要》中提出“完善能源消费总量和强度双控制度，

实施以碳强度控制为主、碳排放总量控制为辅的制度”。2022 年 1 月，国务院印发《“十四五”节能减排综合工作方案》，强调要优化完善能耗双控制度，强化能耗强度降低约束性指标管理，有效增强能源消费总量管理弹性，加强能耗双控政策与碳达峰、碳中和目标任务的衔接。2022 年下半年，国家发展改革委等部门先后印发《关于进一步做好新增可再生能源消费不纳入能源消费总量控制有关工作的通知》《关于进一步做好原料用能不纳入能源消费总量控制有关工作的通知》，进一步落实《“十四五”节能减排综合工作方案》提出的具体要求。2022 年 10 月，党的二十大胜利召开。党的二十大报告指出，实现碳达峰碳中和是一场广泛而深刻的经济社会系统性变革，要“完善能源消耗总量和强度调控，重点控制化石能源消费，逐步转向碳排放总量和强度双控制度”。2023 年 7 月，中央全面深化改革委员会第二次会议审议通过了《关于推动能耗双控逐步转向碳排放双控的意见》；2024 年 7 月，国务院办公厅印发《加快构建碳排放双控制度体系工作方案》，对建立能耗双控向碳排放双控全面转型新机制，加快构建碳排放总量和强度双控制度体系做出全面安排。一系列政策措施的出台，推动节能工作更好与碳达峰碳中和相衔接，节能管理制度也随之不断完善和提升。

二、能源消费增长出现新趋势，节能贡献因素发生新变化

（一）能耗增长与经济发展的关系呈现新特点

能源消费形势在近年来出现了新变化，突出表现为能源消费弹性系数持续攀升。“十四五”前三年，我国国内生产总值年均增速为 5.5%，能源消费年均增速为 4.7%，三年平均能源消费弹性系数为 0.85。2021 年以来，我国能源消费弹性系数持续攀升，2021 年为 0.65，2022 年提高到 0.97，2023 年进一步提高到 1.1，经济发展与能源消耗间的正相关性明显增强。

从对重点领域用能的数据分析中可以发现，石化产业突飞猛进、原料用能超预期增长成为2020年以来能源消费较快增长的重要贡献因素。据估算，2000—2023年我国原料用能大约从3.5亿吨标准煤增加到4.9亿吨标准煤，年均增量高达4800万吨标准煤，是2015—2019年年均增量的4倍左右。与此同时，伴随数字化智能化在各产业全面推广，光伏、锂电、电动汽车等新兴产业加快发展，电力需求也出现全方位、大范围的增长，成为拉动能源消费增长的重要驱动力。

在各种因素交织下，我国能源消费增长出现新趋势，能源消费弹性系数以及与之相关的广义能源效率都表现出不同于过去规律的变化。能效提升进入"慢变化期"，宏观上，全社会广义能源利用效率的提升从较快提升阶段进入稳步提高阶段；微观上，传统行业、企业在发展增速普遍降低后，很难再依靠规模效应获得效率提升；同时，易于实现的节能改造多数已实施，节能挖潜难度加大。如何应对形势变化成为节能提高能效需要思考的问题。

（二）三次产业结构调整对节能的贡献趋于减弱

节能量贡献因素悄然发生转变，三次产业结构调整的节能效果趋于减弱。很长时间内，三次产业结构变化是我国取得节能效果的重要因素。我国第二产业的单位增加值能耗是第一产业和第三产业的5倍以上，"十一五"到"十三五"时期，我国第二产业比重降低、第三产业比重提高，三次产业结构变化带来广义能效的提升。近年来，随着工业化深入推进，第二产业、第三产业比重进入相对稳定的时期，三次产业结构变化所带来的节能效果减弱。当然，这仅意味着三次产业层面结构节能的潜力下降；在更微观、细化的层面，结构节能仍然发挥着重要作用。例如，在工业内部，细分产业的结构变化、产品结构的调整升级，依然存在着不容忽视的节能潜力[①]；新兴高附加值产业与传统高耗能产业间比重的相对变化，是工业部门能耗强度下降的重要动力之一。总体来看，在节能量贡献因素中，传统上三次产业结构变化贡献程度十分显著；而未来一段时间内，对结构性因素的关注将更多由宏观转向中观和微观层面。

（三）应用数字技术提高能效成为关注重点

与数字化智能化融合为节能能力提升带来新机遇，应用数字技术提高能源利用效率是全球关注的重点。数字技术可广泛应用于工业、能源、交通和建筑等重点用能领域，与节能改造、工艺优化等传统技术相互融合，为企业和用户提供更精准的能源优化利用方案，重塑全社会用能方式和结构。以交通领域为例，数字技术应用能显著提升交通运输工具及其配套基础设施的自动化、电气化和互联互通水平；国际能源署发布的《数字化与能源》报告认为，数字技术应用可帮助交通领域减少一半以上的能源消耗量。我国数字经济发展迅速，在节能降碳领域应用日益广泛，与数字技术融合也将为我国能效提升带来持续的推动力。

三、面向未来，不断提升节能管理能力

顺应能源消费增长和能效提升新形势，需要面向未来，从管理理念、管理方式等方面提升节能管理能力。

（一）以发展的眼光看待能源消费形势变化

改革开放以来，我国节能工作侧重点从早期的节约能源资源、破解能源短缺问题，逐步过渡到提高经济效益、为高质量发展和环境保护提供支撑，有效应对了我国不同阶段能源发展面临的重点问题。当前，节能管理

---

① 事实上，工业部门能耗强度的下降一直是全社会取得节能效果的重要贡献因素，其中也包含着工业内部产业结构调整所带来的贡献。

的重点是推动实现碳达峰碳中和目标，这需要我们以发展的眼光看待能源消费形势新变化。传统认识中，能耗增长快、能源消费弹性系数高意味着能源经济关系趋于恶化，能耗高的系统往往被视为“落后”的代表；但从实现碳达峰碳中和角度看，碳排放量高低是评价能源系统最重要的“试金石”，能耗高同时碳排放低的系统，是需要努力实现的方向。要推动能耗双控向碳排放双控转变，更高水平、更高质量做好节能工作，积极构建面向碳达峰碳中和的节能管理体系。

（二）推动节能管理制度不断完善创新

尽管不同历史时期节能的侧重点有所差异，但节能在节约能源资源、推动高质量发展、应对气候变化中的源头作用和重要地位是始终不变的。当前我国能源发展仍面临需求压力巨大、供给制约较多、绿色低碳转型任务艰巨等一系列挑战。做好节能管理工作，既要传承好过去节能工作中行之有效的管理制度和管理方式，确保节能工作不放松，又要结合碳达峰碳中和的新任务、新要求开拓创新一系列新制度，让节能管理的方式更加适应碳达峰碳中和的工作要求，支撑碳达峰碳中和目标顺利实现。节能降碳工作涉及领域多、具有系统性和复杂性，一方面，要加强节能与降碳之间的协同，完善《固定资产投资项目节能审查办法》《重点用能单位节能管理办法》等制度，与碳排放双控要求相衔接；另一方面，要加强节能降碳工作的中央与地方协同、跨部门协同，合理分解节能降碳指标，推动地区建立碳排放预算管理制度，强化节能降碳政策在财政、金融、价格、税收等领域以及工业、建筑、交通、公共机构等业务领域间的统筹。

（三）加强对企业节能降碳的管理和引导

建立节能降碳长效机制，离不开对企业节能降碳的管理和引导。要推动企业明确节能降碳目标，提高管理水平，推动中央企业强化用能管理，将节能降碳相关指标纳入负责人经营业绩考核体系，推动地方压实重点企业的节能降碳责任，坚决遏制高耗能、高排放、低水平项目盲目发展。通过完善全国碳排放权交易市场、全国温室气体自愿减排交易市场、绿证交易市场等，发挥市场调控作用，为企业自主节能降碳提供动力。推动企业节能降碳责任与企业形象结合起来，督促企业自觉履行社会责任。加强企业节能管理人员培训，引导企业提高能源管理专业化、信息化水平。探索借助有资质的节能管理师等为中小企业、商场超市节能降碳提供服务，填补中小企业节能管理空白，为各类企业和能源用户提高能源效率提供更多服务。

参考文献

[1]白泉．建设“碳中和”的现代化强国始终要把节能增效放在突出位置[J]．中国能源，2021，43(1)：7-11+16.

[2]白泉，刘政昊．节能对全球碳中和的贡献[J]．中国能源，2023，45(5)：16-25.

[3]白泉．能源节约的经济学[M]．北京：光明日报出版社，2009.

[4]北岳．法律权利的定义[J]．法学研究，1995(3)：42-48.

[5]蔡守秋．论排污权交易的法律问题[C]．2002 年中国环境资源法学研讨会，2002：98-102.

[6]陈德湖，蒋馥．我国排污权交易理论与实践[J]．软科学，2004(2)：12-15+27.

[7]陈德湖．排污权交易理论及其研究综述[J]．外国经济与管理，2004(5)：45-49.

[8]陈晋．浅谈当前节能量交易状况[J]．化学工程与装备，2015(8)：207-208.

[9]陈迎，巢清尘．碳达峰、碳中和 100 问[M]．北京：人民日报出版社，2021.

[10]陈迎．碳中和概念再辨析[J]．中国人口·资源与环境，2022，32(4)：1-12.

[11]戴彦德．碳交易制度研究[M]．北京：中国发展出版社，2014.

[12]道格拉斯·诺思．制度、制度变迁与经济绩效[M]．刘守英，

译．上海：上海三联书店出版社，1994.

[13]邓海峰．排污权：一种基于私法语境下的解读[M]．北京：北京大学出版社，2008.

[14]杜群，王利，等．能源政策与法律[M]．武汉：武汉大学出版社，2014.

[15]范进学．权利概念论[J]．中国法学，2003(2)：15-22.

[16]傅晨．水权交易的产权经济学分析——基于浙江省东阳和义乌有偿转让用水权的案例分析[J]．中国农村经济，2002(10)：25-29.

[17]高博，孙洪铮，刘向九．必须重视我国工业节能工作——对几个工业部门能源利用情况的调查[J]．中国能源，1979(4)：21-25.

[18]顾孟迪，李寿德．交易成本条件下排污权市场的均衡、初始排污权分配的效率与厂商行为分析[J]．数学的实践与认识，2006，36(5)：48-53.

[19]国家统计局能源统计司．能源统计工作手册[M]．北京：中国统计出版社，2010.

[20]何建坤．CO_2 排放峰值分析：中国的减排目标与对策[J]．中国人口·资源与环境，2013，23(12)：1-9.

[21]何江．生态文明框架下的排污权交易法律问题探析[C]．2013 年全国环境资源法学研讨会，2013.

[22]胡鞍钢．中国实现 2030 年前碳达峰目标及主要途径[J]．北京工业大学学报(社会科学版)，2021，21(3)：1-15.

[23]胡炜．法哲学视角下的碳排放交易制度[M]．北京：人民出版社，2013.

[24]黄鑫，陶小马，邢建武．可交易节能证书认证机制合谋防范分析[J]．经济管理，2009(11)：130-136.

[25]黄鑫，陶小马，邢建武．两种节能政策工具的效率比较分析[J].

财贸经济，2009(7)：112-116.

[26]黄宇健．影响中国排污权市场交易意愿因素的实证分析[D]．广州：暨南大学，2010.

[27]加强全面能源管理　以节能求增产[J]．企业管理，1980(2)：25-28.

[28]蒋洪强，王金南．关于排污权的一级市场和二级市场问题[C]．排污交易国际研讨会，2008.

[29]焦有梅．能源统计与核算[M]．北京：中国统计出版社，2016.

[30]金帅，盛昭瀚，杜建国．转型背景下排污权初始分配机制优化设计[J]．中国人口·资源与环境，2013，23(12)：48-56.

[31]柯武刚，史漫飞．制度经济学[M]．韩朝华，译．北京：商务印书馆，2000.

[32]李怀，赵万里．制度设计应遵循的原则和基本要求[J]．经济学家，2010(4)：54-60.

[33]李金芝．国内外节能量交易发展现状及企业实施对策研究[J]．节能，2015，34(11)：4-6.

[34]廖虹云，康艳兵，朱松丽．碳中和：国际社会在行动[J]．中国发展观察，2021(5)：59-62.

[35]林伯强．节能减排：能源经济学理论和政策实践[J]．国际石油经济，2008(7)：23-27+31+91.

[36]刘峰，段艳，马妍．典型区域水权交易水市场案例研究[J]．水利经济，2016(1)：23-27.

[37]刘觅颖．新常态下北京市经济增长与能源消费脱钩关系研究[J]．中国能源，2019，41(1)：39-43+47.

[38]刘世庆，郭时君，林睿，等．中国水权制度特点及水权改革探索[J]．工程研究——跨学科视野中的工程，2016(1)：12-22.

[39]刘卫先．自然资源权体系及实施机制研究[M]．北京：法律出版社，2016.

[40]刘竹，耿涌，薛冰，等．基于“脱钩”模式的低碳城市评价[J]．中国人口·资源与环境，2011，21(4)：19-24.

[41]卢熙．福建省用能权交易制度试点工作浅析[J]．化学工程与装备，2018(9)：271-272.

[42]倪维斗，陈贞，麻林巍，等．关于广义节能的思考[J]．中外能源，2009，14(2)：1-8.

[43]彭本利．我国排污权交易地方立法之实证分析及其完善[J]．法学评论，2013(1)：78-84.

[44]彭江波．排放权交易作用机制与应用研究[M]．北京：中国市场出版社，2011.

[45]秦海岩，张华，李承曦．欧洲的节能量认证机制[J]．节能与环保，2010(6)：25-28.

[46]桑东莉．用水权制度研究[J]．水利发展研究，2004，4(6)：7-10.

[47]施陈晨，于凤光．欧美国家节能量认证机制的研究[J]．新建设：现代物业(上旬刊)，2013(1)：20-23.

[48]石宝雅，曾云敏．区域节能量交易模式探索研究——以广东省为例[C]．中国环境科学学会学术年会，2015.

[49]史学瀛，李树成，潘晓滨．碳排放交易市场与制度设计[M]．天津：南开大学出版社，2014.

[50]史作廷．努力提升设备装备节能降耗水平助力企业提质增效高质量发展[J]．中国设备工程，2024(2)：4-7.

[51]史作廷，时希杰．努力推动实现碳达峰碳中和目标[J]．红旗文稿，2021(20)：25-28.

[52]孙栓柱，程明，代家元．我国碳交易试点省市框架设计对比研究[J]．企业经济，2016(6)：23-27.

[53]孙维．用能权交易的几点思考[J]．浙江经济，2018(14)：40.

[54]碳达峰碳中和工作领导小组办公室，等．碳达峰碳中和干部读本[M]．北京：党建读物出版社，2022.

[55]唐方方，李金兵，姜超，等．中国的节能量交易机制设计[J]．节能与环保，2010(12)：26-29.

[56]王慧，曹明德．气候变化的应对：排污权交易抑或碳税[J]．法学论坛，2011，26(1)：110-115.

[57]王丽娟，周天源．排污权交易法律制度的思考[C]．当代法学论坛，2011.

[58]王品文．湖北省排污权交易实践重点问题研究[D]．北京：中国地质大学，2014.

[59]王清军．排污权初始分配的法律调控[M]．北京：中国社会科学出版社，2011.

[60]王晓娟，陈金木，郑国楠．关于培育水权交易市场的思考和建议[J]．中国水利，2016(1)：8-11.

[61]王遥，崔莹，洪睿晨，江旻．2018中国环境权益市场报告[J]．环境经济，2019(18)：18-45.

[62]王玉刚，王军．节能量交易问题的思考[J]．科学与管理，2014(5)：53-57.

[63]王仲颖．合理控制能源消费总量[M]．北京：中国经济出版社，2014.

[64]吴亚琼．总量控制下排污权交易制度若干机制的研究[D]．武汉：华中科技大学，2004.

[65]夏明，郑国楠．国外水权水市场观澜[J]．河北水利，2016(1)：

35-35.

[66]肖丽娜．绿色和白色证书交易市场在中国的应用研究[D]．上海：上海交通大学，2008.

[67]熊华文，苏铭．推动能源治理体系和方式现代化[J]．宏观经济管理，2018(8)：34-39.

[68]徐成彬．我国能源发展及其经济效率研究[J]．宏观经济管理，2020(6)：51-60.

[69]徐寿波．广义节能的技术经济理论和方法[J]．中国社会科学，1982(3)：43-68.

[70]徐寿波，王俊峰．改革开放前后中国能源发展战略比较[J]．中国经贸导刊，1999(13)：27-28.

[71]杨顺顺．推动“碳排放—用能权”双市场衔接[N]．中国社会科学报，2018-12-05(004).

[72]杨枝煌，易昌良．中国能源新常态新格局的建构研究[J]．中国市场，2015(48)：3-7.

[73]于凤光，蒋霞，韩宜康．我国引入欧美国家可交易证书机制的相关研究——基于绿色证书和白色证书机制的研究[J]．工业安全与环保，2014(9)：90-92.

[74]占红沣．哪种权利，何来正当性——对当代中国排污权交易的法理学分析[J]．中国地质大学学报(社会科学版)，2010，10(1)：93-98.

[75]张嘉昕，郝作奇．构建我国节能量交易机制的路径探讨[J]．环境保护，2014(1)：47-48.

[76]张勇．节能提高能效　推动高质量发展[J]．中国经贸导刊，2020(13)：4-5.

[77]张梓太，沈灏．排污权的公平分配初探——由我国各地排污权交易试点引发的思考[J]．中德法学论坛，2010(8)：257-265.

［78］赵博昕，蒋红霞．我国建立水权及其交易制度的探讨［J］．资源节约与环保，2016(2)：127-128.

［79］郑婕，张伟，王加平．节能量交易机制研究综述［J］．科技管理研究，2015(7)：209-213.

［80］郑爽．七省市碳交易试点调研报告［J］．中国能源，2014，36(2)：23-27.

［81］钟玉秀．水权制度建设及水权交易实践中若干关键问题的解决对策［J］．中国水利，2016(1)：12-15.

［82］朱皓云，陈旭．我国排污权交易企业参与现状与对策研究［J］．中国软科学，2012(6)：15-23.

［83］庄贵阳，窦晓铭．新发展格局下碳排放达峰的政策内涵与实现路径［J/OL］．新疆师范大学学报(哲学社会科学版)，2021(6)：1-10［2021-09-16］. https：//doi. org/10. 14100/j. cnki. 65-1039/g4. 20210316. 001.